国家核安全局经验反馈集中分析会丛书

核电领域防造假的专题研究

生态环境部核与辐射安全中心　著

中国环境出版集团·北京

图书在版编目（CIP）数据

核电领域防造假的专题研究 / 生态环境部核与辐射
安全中心著. – – 北京：中国环境出版集团，2024. 9.
（国家核安全局经验反馈集中分析会丛书）. – – ISBN 978-
7-5111-6001-0

　　Ⅰ. TM623

中国国家版本馆 CIP 数据核字第 2024LJ7682 号

责任编辑　王　洋
封面设计　彭　杉

出版发行　中国环境出版集团
　　　　　（100062　北京市东城区广渠门内大街 16 号）
　　　　　网　　　址：http://www.cesp.com.cn
　　　　　电子邮箱：bjgl@cesp.com.cn
　　　　　联系电话：010-67112765（编辑管理部）
　　　　　发行热线：010-67125803，010-67113405（传真）
印　　刷　北京中献拓方科技发展有限公司
经　　销　各地新华书店
版　　次　2024 年 9 月第 1 版
印　　次　2024 年 9 月第 1 次印刷
开　　本　787×1092　1/16
印　　张　8.5
字　　数　127 千字
定　　价　69.00 元

编著委员会
THE EDITORIAL BOARD

序 PREFACE

《中共中央 国务院关于全面推进美丽中国建设的意见》进一步阐明，为实现美丽中国建设目标，要积极稳妥推进碳达峰碳中和，加快规划建设新型能源体系，确保能源安全。核能，在应对全球气候变化、保障国家能源安全、推动能源绿色低碳转型方面展现出其独特优势，在我国能源结构优化中扮演着重要角色。

安全是核电发展的生命线，党中央、国务院高度重视核安全。党的二十大报告作出积极安全有序发展核电的重大战略部署，全国生态环境保护大会要求切实维护核与辐射安全。中央领导同志多次作出重要指示批示，强调"着力构建严密的核安全责任体系，建设与我国核事业发展相适应的现代化核安全监管体系"，"要不断提高核电安全技术水平和风险防范能力，加强全链条全领域安全监管，确保核电安全万无一失，促进行业长期健康发展"。

推动核电高质量发展，是落实"双碳"战略、加快构建新型能源体系、谱写新时代美丽中国建设篇章的内在要求。我国核电产业拥有市场需求广阔、产业体系健全、技术路线多元、综合利用形式多样等优势。在此基础上，我国正不断加大核能科技创新力度，为全球核能发展贡献中国智慧。然而，我们也应当清醒地认识到，我国核电产业链与实现高质量发展的目标还有一定差距。

"安而不忘危，存而不忘亡，治而不忘乱。"核安全是国家安全的重要组成部分。与其他行业相比，核行业对安全的要求和重视关乎核能事业发展，关乎公众利益，关乎电力保障和能源供应安全，关乎社会稳定，关乎国家未来。只有坚持"绝对责任，最高标准，体系运行，经验反馈"，始终把"安全第一、质量第一"的根本方针和纵深防御的安全理念扎根于思想、体现于作风、落实于行动，才能确保我国核能事业行稳致远。

高水平的核安全需要高水平的经验反馈工作支撑。多年来，国家核安全局致力于推动全行业协同发力的经验反馈工作，建立并有效运转国家层面的核电厂经验反馈体系，以消除核电厂间信息壁垒、识别核电厂安全薄弱环节、共享核电厂运行管理经验，同时整合核安全监管资源、提高监管效能。经过多年努力，核电厂经验反馈体系已从最初有限的运行信息经验反馈，发展为全面的核电厂安全经验反馈相关监督管理工作，有效提升了我国核电厂建设质量和运行安全水平，为防范化解核领域安全风险、维护国家安全发挥了重要保障作用。与此同时，国家核安全局持续优化经验反馈交流机制，建立了全行业高级别重点专题经验反馈集中分析机制。该机制坚持问题导向，对重要共性问题进行深入研究，督促核电行业领导层统一思想、形成合力，精准施策，切实解决核安全突出问题。

"国家核安全局经验反馈集中分析会丛书"是国家核安全局经验反馈集中分析研判机制一系列成果的凝练，旨在从核安全监管视角，探讨核电厂面临的共性问题和难点问题。该丛书深入探讨了核电厂的特定专题，全面审视了我国核电厂的现状，以及国外良好实践，内容丰富翔实，具有较高的参考价值。书中凝聚了国家核安全监管系统，特别是国家核安全局机关、核与辐射安全中心和业内各集团企业相关人员的智慧与努力，是集体智慧的成果！丛书的出版不仅展示了国家核安全局在经验反馈方面的深入工作和显著成效，也满足了各界人士全面了解我国核电厂特定领域现状的强烈需求。经验，是时间的馈赠，是实践的结晶。经验告诉我们，成功并非偶然，失败亦非无因。丛书对于核安全监管领域，是一部详尽的参考书；对于核能研究和设计领域，是一部丰富的案例库；对于核设施建设和运行领域，是一部重要的警示集。希望每位核行业的从业者，在翻阅这套丛书的过程中，都能有所启发，有所收获，有所警醒，有所进步。

　　核安全工作与我国核能事业发展相伴相生，国家核安全局自成立以来已走过四十年的光辉历程。核安全所取得的成就，得益于行业各单位的认真履责，得益于行业从业者的共同奋斗。全面强化核能产业核安全水平是一项长期而艰巨的系统工程，任重而道远。雄关漫道真如铁，而今迈步从头越。迈入新时代新征程，我们将继续与核行业各界携手奋进，坚定不移地锚定核工业强国的宏伟目标，统筹发展和安全，以高水平核安全推动核事业高质量发展。

　　是以为序。

生态环境部副部长、党组成员
国家核安全局局长
2024 年 9 月

前　言
FOREWORD

　　习近平总书记在党的二十大报告中指出"高质量发展是全面建设社会主义现代化国家的首要任务"，强调"统筹发展和安全""以新安全格局保障新发展格局""积极安全有序发展核电"，为新时代新征程做好核安全工作提供了根本遵循和行动指南。新征程上，我们要深入学习贯彻习近平新时代中国特色社会主义思想，以总体国家安全观和核安全观为遵循，加快构建现代化核安全监管体系，切实提高政治站位，站在维护国家安全的高度，充分认识核电安全的极端重要性，全面提升监管能力水平，以高水平监管促进核事业高质量发展。

　　有效的经验反馈是保障核安全的重要手段，是提升核安全水平的重要抓手。经过多年不懈努力，国家核安全局逐步建立起一套涵盖核电厂和研究堆、法规标准较为完备、机制运转流畅有效、信息系统全面便捷的核安全监管经验反馈体系。经验反馈，作为我国核安全监管"四梁八柱"之一，真正起到了夯实一域、支撑全局的作用。近年来，为贯彻落实党的二十大和全国生态环境保护大会精神，国家核安全局坚持守正创新，在经验反馈交流机制方面有了进一步的创新发展，建立并运转经验反馈集中分析机制。通过对核安全监管热点、难点和共性问题进行专题探讨，督促核电行业同题共答、同向发力，有效推动问题的解决。

　　核安全是核能与核技术利用事业发展的生命线，核安全事关核能与核技术利用事业发展，事关环境安全和公众利益。一直以来，我国在民用核电发展的过程中，始终秉承"安全第一、质量第一"的方针。然而自 20 世纪 80 年代以来，特别是进入 21 世纪后，核电行业屡屡出现造假事件，一些供应商在利益驱动或工艺水平限制的条件下，伪造设备、零部件、材料或相关质量证明文件的现象时有发生，而且呈现不断增长的态势，涉及多个领域和多个核电国家。核电厂假冒、欺诈和可疑物项（CFSI）已成为全球核能领域关注并致力于解决的重要问题。不满足设计要求的假冒和欺诈物项（CFI）正在通过各种渠道进入核电领域，增加了核电厂的潜在安全风险。尽管各国在法律框架和执法方面为处理 CFSI 投入了大量资源，但依然存在 CFI 从不同渠道进入核电领域的现象。与此同时，供应链的全球化以及核电厂持续的备品备件需求，更需要核安全监管机构、行业主管部门、电力集团公司、核电厂营运单位及其供应商保持警惕，采取适当措施来预防、识别和控制 CFSI 与违规造假行为。2014 年，国家核安全局正式提出"两个零容忍"，即对弄虚作假零容忍，对违规操作零容忍，并针对核电领域防造假开展了系统研究，形成了一系列行之有效的预防和处置措施。2023 年 5 月，国家核安全局组织开展了核电领域防造假集中分析研讨，系统总结了十年来核电领域防造假的实践经验，并形成专题研究报告。

本书在上述专题研究报告的基础上编写而成，聚焦于近年来国内外发生的核电领域造假事件，从核电领域造假的界定、产生原因、对核安全的影响以及如何有效防控造假等方面，对国外发生的同类事件进行跟踪反馈，研究分析 NRC、EPRI、IAEA、OECD/NEA 等国外机构和组织的研究成果和良好实践，全面梳理我国核电厂防造假监管实践，回顾总结各相关方防造假工作成果和面临的挑战，提出针对核电领域防造假的下一步工作建议。

本书第 1 章由王京、刘志明编写，第 2 章由王雁启、黄超云编写，第 3 章由田丰、段红卫编写，第 4 章由李巨峰、王雁启编写，第 5 章由段红卫、李巨峰编写，附录由王雁启、段红卫编写。全书由王雁启统稿，由段红卫、李斌校核，严天文、柴国旱、殷德健对全书进行审核把关。

本书在编写过程中得到了生态环境部（国家核安全局）的大力支持。同时，对中核集团、中国华能集团、国家电投集团、中广核集团等相关单位的支持表示衷心的感谢！

　　本书在撰写过程中对核电领域防造假基本情况、国内外核电造假事件及经验反馈、主要核电国家和国际组织在防造假领域开展的研究和措施，以及我国核安全监管及行动等内容开展了广泛、深入的调研，虽竭尽所能，但由于学识水平有限，书中难免存在疏漏和不妥之处，深切希望关注核安全的社会各界人士、专家、学者以及对本书感兴趣的广大读者批评指正、不吝赐教。

编写组

2024 年 8 月

目 录
CONTENTS

第1章 引言

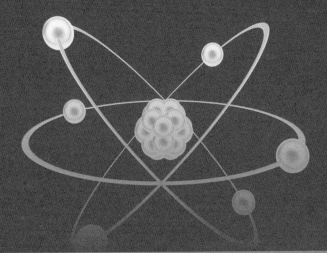

1.1 概　述

从日常生活用品到军用战斗机的集成电路，从民用住宅到航空、制药、能源等领域的商业产品和建筑项目，造假现象无所不在、无孔不入。而核电领域造假一直是全球核能领域关注并致力于解决的重要问题。鉴于核的特殊性和敏感性，以及潜在后果相对严重，核电领域出现造假事件后，其性质和影响更为恶劣。自 20 世纪 80 年代以来，特别是进入 21 世纪后，核行业造假现象涉及多个领域和多个核电国家，已经引起核电国家以及国际原子能机构（IAEA）的高度重视，相关国家和机构纷纷通过制定法律法规、开展宣贯培训以及建立信息共享和统筹协调机制等手段对此加以防范。

1.2 "造假"相关定义

国际上有关"造假"的定义并没有统一的标准，国际相关出版物中曾使用 S/CI、CFSI、CFI、NCFSI 等术语来表示假冒、欺诈或可疑物项。近年来在核电领域，国外出版物中基本上采用了术语 CFSI 来表示假冒、欺诈和可疑物项，将已经确认的假冒和欺诈物项称为 CFI。其中，假冒（C）主要指物理属性造假，使物项看上去与原产品相似，从而达到以假乱真的效果；欺诈（F）主要指通过伪造证书或其他质量文件，使物项看上去能满足特定要求和功能。从法律角度来看，假冒是欺诈活动的一个子集，但国际上一般习惯将假冒作为单独的一种形式来处理。

经济合作与发展组织（以下简称经合组织）核能署（OECD/NEA）、IAEA 等分别在相关文件中定义了假冒、欺诈、可疑及其他相关术语的具体内涵（表 1-1），并且给出了 CFSI 相关术语之间的辩证关系（图 1-1 和图 1-2）。

表 1-1　国际上关于违规造假的相关术语

术语		定义	
英文	中文	OECD/NEA	IAEA
Counterfeit	假冒	未经授权故意制造或翻新以冒充原始设备制造商的产品或部件，集中于物理属性	未经授权，故意制造、翻新、涂改，仿冒原产品，以假乱真
Fraudulent	欺诈	通过虚假证书或其他伪造的质量相关文件来误导消费者的产品，其目的是欺骗消费者，包括那些超出预先授权数量的产品	故意以欺骗为目的歪曲事实的产品。欺诈物项包括提供不正确的资料证明，伪造或歪曲鉴定结果的物项。也包括取得生产特定数量产品的合法权利，但生产的数量超过授权的数量，并将剩余部分作为合法库存出售的产品
Suspect	可疑	可能不是真品的物项，但尚未被证实是假冒还是欺诈	有迹象显示或被怀疑可能不是真品的产品
Irregularities	违规	不符合采购、设计规范或其预期功能的物项	—
Non-conforming（substandard）	不符合（不合格）	—	不符合预期要求或功能的产品。它们可能由合法的供应商提供，而无意欺骗。所有非真品都被认为是不合格的、不符合预期要求或功能的真品也是不合格的
Genuine	真品	—	在没有欺骗意图的情况下生产和认证的产品
Non-genuine	非真品	—	以欺骗为目的生产和认证的产品

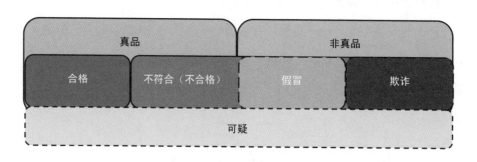

图 1-1　CFSI 相关术语之间的辩证关系（1）

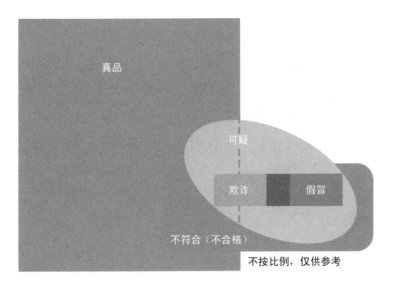

图 1-2 CFSI 相关术语之间的辩证关系（2）

美国联邦法规 10 CFR 52.4 中有"故意不当行为"（Deliberate misconduct）的相关定义：某人或单位明知的故意行为或不作为，包括许可证持有者或申请者违反任何政策、法规或命令以及许可证条件等；许可证持有者、供应商等违反要求、程序、细则、合同、采购订单或政策的行为。

目前，针对 CFSI 或"造假物项"，我国核安全相关法规文件中尚无定义；针对"造假行为"，在国家核安全局发布的《核电厂质量保证大纲的格式和内容（试行）》中对其进行了定义，指营运单位及其员工、供方及其员工等故意违反核安全法规、许可证条件、标准、程序和细则、合同等，以及故意提供不准确、不完整的信息记录等不当行为。

1.3 典型造假事件

1.3.1 日本核电厂造假事件

2011 年 3 月日本发生福岛核事故后，东京电力公司违规造假的劣迹不断被揭露。1992 年，福岛第一核电厂一号机组将有放射性物质泄漏的密封容器伪造成合格容器，被监管机构处以该机组停运一年的处罚。2002 年，该公司又因伪造安全记录，被监管机构要求停运其所属的 17 个核电机组，进行全面自查自纠。2007 年，日本东京电力公司承认，自 1977 年起，在下属 3 家核电厂共 199 次定期检查中"篡改数据，隐瞒安全隐患"。其中，福岛第一核电厂数据曾被修改 28 次。福岛核事故前，东京电力公司曾向监管机构报告，有 6 台机组 11 年来未对其配电装置的 33 个部件进行检查，涉及温控系统和冷却系统等。

1.3.2　德国核电厂造假事件

2016 年 4 月，菲利普斯伯格 2 号核电厂工作人员被发现 8 次对辐射测量装置进行"假检测"，虽然在检查报告中记录了故障显示器的复查结果，但工作人员根本未去现场检测。尽管该事件没有带来安全方面的后果，但监管机构要求，在巴符能源公司证明设备是按照规定安全运行前，该核电厂不能重新启动。同时要采取预防措施，杜绝此类欺骗事件再次发生，此外还对该事件举行了听证会。

1.3.3　浙江瀚源核级支承件厂家弄虚作假事件

2018 年 12 月，国家核安全局根据举报信息，下发《关于排查浙江瀚源提供的某核电厂核级支承件产品质量的通知》，要求对该公司提供的核级支承件产品质量进行全面排查和验证。经营运单位、总包单位、核岛协作单位多层次排查，发现该分供方供应的核级支承件（QA2 级）存在下述质量问题：

①焊接工艺评定报告存在错误和造假（5 份有不同程度错误，2 份有造假）；
②个别焊工使用资格造假（冒充合格焊工签署质量计划）；
③较多焊接参数记录造假，试验数据造假；
④不同批次原材料复验报告数据完全一致；
⑤不同焊材无损检验报告数据一致，其中一份报告盖有该制造公司章，一份盖有其他制造公司章，两份报告的签字人均为同一人，但笔迹不一致。

2019 年 6 月，根据调查发现的浙江瀚源在核级管道支承件制造过程中的违法违规事实，国家核安全局对该公司开出核安全行政处罚决定书，拟责令该公司停止违法行为，限期一个月改正，给予警告，并处五十万元罚款。

1.3.4 无锡新峰核级管件厂违法分包导致产品质量不确定

2019 年 9 月，华北核与辐射安全监督站对无锡市新峰管业有限公司进行非例行监督检查时，发现其存在将核级热模锻管件成型违规分包给无证单位制造的情况。经调查，自 2018 年 1 月 25 日起，该公司模锻成形设备损坏，无法实施成形操作，该公司隐瞒了此问题，在未向国家核安全监管部门和工程公司报备的情况下，将该项工序违规分包给没有资质的单位完成，此期间生产的管件质量存疑。经排查发现，存疑的核级管件涉及某核电厂共计 39 种规格、76 个产品批次、3203 件，其中已使用 1664 件、未使用 1539 件。

国家核安全局对该公司开出核安全行政处罚决定书，责令该公司停止违法行为并限期改正，同时罚款五十万元。

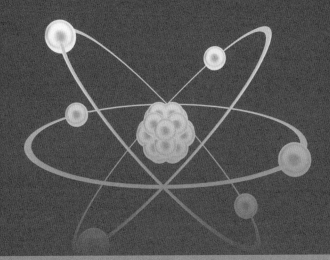

第 2 章
美国核电领域防造假
经验研究

1988—1989 年，美国核电厂陆续发现了一些与断路器、阀门、紧固件相关的造假事件。造假者通过翻新、仿冒产品以及伪造虚构质量证明文件等手段，向核电厂提供不符合要求的设备或零部件。由此开始，CFSI 被暴露已进入核电领域。这一情况引起了美国核管理委员会（NRC）等机构和组织的关注，并在核电领域防造假方面开展了众多研究，提出了一系列防控措施。

2.1　美国核管理委员会

自 20 世纪 80 年代末、90 年代初，CFSI 问题在美国核工业界露头以来，NRC 便采取积极主动的措施来识别并预防 CFSI 问题。NRC 认为供应链的完整性是核设施和核设施部件供应商质量保证大纲有效实施的一项基本要素，因而采取了一系列措施来保障其核供应链的完整性。为了应对企图将 CFSI 引入核设施的行为，在 20 世纪 80 年代末、90 年代初，NRC 和美国商业核电行业重新对核设施部件的供应链进行了一次重大评估。随后，NRC 通过其通用通信系统（包括公告、通用信件 GL、监管事项摘要 RIS、信息通告 IN、政策问题和支持文件等）发布了一系列通用信函，告知核设施许可证持有者和供应商面临的威胁，识别 CFSI 的方法以及降低核供应链风险的措施。

2.1.1　NRC 针对 CFSI 发布的主要文件

NRC 在官方网站上提供了有关 CFSI 的各种信息资源，包括通报行业内外相关 CFSI 事件，公布造假企业名单，以及提供识别 CFSI 和降低核供应链风险的方法等。1987 年至今，NRC 一共发布了 72 份沟通性文件。

1988 年 6 月，NRC 发布了 IN88-35《许可者持有者对供应商的审核不足》，提醒许可证持有者有责任通过验证制造商/供应商记录（如合格证书和热处理记录）的有效性和依据等，来确保所购买的设备和部件能够履行其预期功能。

1989 年 3 月，NRC 发布了 GL89-02《改进假冒和欺诈产品检测的行动》，向许可证持有者通报了在检测假冒或欺诈产品以及确保供应商供应产品质量的 3 个有效方面：

①工程人员参与采购和产品验收过程；②有效的源地检查、收货检查和检查大纲；③对商品级产品是否适合用于执行安全相关功能，进行全面的、基于工程技术的审查、测试和确认。

1989 年 11 月，NRC 印发了 IN89-70《可能存在虚假销售产品的迹象》，通知许可证持有者有关虚假销售产品的情况，并提供检测此类产品的相关信息。一般的迹象可以在采购过程的早期发现，包括：①供应商名称——不是授权的经销商；②报价——明显低于竞争对手；③交货期——短于竞争对手；④物项的来源——报价供应商将订单分包给另一家公司，然后让分包商将产品直接发运给买方，报价的供应商从来没有看到或核实产品的质量。

收货检查和审核过程是发现错误产品的关键要素和重要步骤，其中包括检查集装箱上的名称和标记是否与设备一致，每批货物的产品整体外观是否一致。产品的偏差可能是存在问题的信号，表明需要进行额外的审查。一些分销商或供应商将虚假的供应商产品与真实的部件混合在一起。这种类型的造假需要仔细检查以发现差异。一些能够表明部件是翻新的证据，如有划痕则表明部件曾被拆解，内部或外部有其他颜色的痕迹表明油漆是新刷的，还有金属部件出现麻点或腐蚀的情况。标签也有可能是假冒的，因此可以检查标签是否位置错误或看起来不同，或者标签是用螺丝连接而不是铆钉连接的。

收货检查期间进行适当的测量和试验是不可替代的，包括准确地检查尺寸以及通过检验来确定产品的材料组成。但是测试并不总是实用的，在许多情况下，对供应商质量保证大纲进行彻底的监查，对建立和确认接受供应商产品的基础是必需的。

1995 年，NRC 发布了 IN95-45《美国电力公司伪造美国无损检测学会（ASNT）证书》，通报了该公司伪造证书的事实。

1996 年，NRC 发布了 IN96-40《在材料确认、采购实践和供应商审核方面存在的不足》，指出了商品级产品（如紧固件、管道、配件和结构用型材等）的制造商和供应商在为更复杂设备提供部件时所做的适用性确认实践中存在的一些缺陷，并提出了相应的解决措施。

2008 年，NRC 发布了 IN2008-04《供应给核电厂的假冒零件》，通报了 2003—2006 年销售的假冒断路器和 2007 年在哈奇核电厂发现的假冒阀门等。

2012 年，NRC 发布了 IN2012-22《CFSI 的培训出版物》，并提供了一份培训资源清单，可用于对参与受 NRC 监管的活动的相关人员进行培训，使他们了解当前 CFSI 的趋势以及防止使用 CFSI 部件的技术。

2013 年，NRC 发布了 IN2013-02《可能影响核设施消防安全的问题》，以引起各许可证持有者对由美国国防后勤局和保险商实验室公司发布的假冒消防设备报告的注意。同年，NRC 发布了 IN2013-15《故意不当行为/记录篡改和核安全文化》，通报了某供应商在将部件安装到美国核电站之前，破坏序列号以试图掩盖其来源的违规行为。

2018 年，NRC 发布了 IN2018-11《神户制钢和其他国际供应商的质量保证记录造假》，通报了神户制钢质量保证记录造假事件。神户制钢曾持有美国机械工程师协会（ASME）证书，为美国核设施安全相关部件的供应商，而且其部分员工的造假行为可追溯到 20 世纪 70 年代，因此 NRC 建议相关核电厂许可证持有者审查其对核安全相关活动的潜在影响。此外，强调必须警惕类似的安全文化问题，特别是与第三方供应商有关的安全文化问题。

2.1.2　NRC 应对 CFSI 问题的防控措施

除持续监控和发布 CFSI 相关信息，提供解决措施和建议外，NRC 还采取了一系列专项行动。

（1）对供应链管理的有效性进行重新评估

20 世纪 80 年代末、90 年代初，NRC 和商业核工业对供应链进行了重大重新评估，以应对多次试图将假冒或欺诈性材料和组件引入 NRC 许可设施的企图。

NRC 在 1988 年 1—4 月审核某管道供应商和制造商的文件资料时发现了几个不一致之处，表明其向核电站提供的管件和法兰存在潜在的安全影响。这些文件资料包括认证材料测试报告（CMTRs）、合格证书和热处理记录等典型的可审核的制造商/供应商记录。NRC 认为，发现的不一致之处应由被许可方在自己的审计过程中发现。因此，NRC 于 1988 年 6 月发布信息通知 IN88-35《许可者持有者对供应商的审核不足》，提醒被许可方注意其有责任通过验证制造商/供应商的记录（如 CMTRs、合格证书和热处理记录）的有效性和依据等，来确保所购买的设备和部件能够履行其预期功能。此外，正如 10 CFR 50 附录 B 标准 VII 中所讨论的，"承包商和分包商质量控制的有效性应由许可证申请人或其指定人在与产品或服务的重要性、复杂性和数量相符的时间间隔内进行评估。"NRC 认为，被许可方在这方面的审计工作不足，应给予更多的注意。

此后，NRC 对材料制造商和供应商进行了一系列检查，以评估向核电厂供应材料有关的质量保证措施的有效性。这些检查的部分重点是评估当前采购实践在防止不合格材料进入核供应链方面的有效性。检查仅限于简单材料产品的供应商，如紧固件、管道、配件和结构用型材。

1996 年，NRC 发布信息通知 IN96-40《在材料确认、采购实践和供应商审核方面存在的不足》，指出了商品级产品（如紧固件、管道、配件和结构用型材等）的制造商和供应商在为更复杂设备提供部件时所做的适用性确认实践中存在的一些缺陷，并提出了相应的解决措施。

（2）成立全机构范围的战略和技术工作组来监测和评估 CFSI

2010 年，NRC 成立了全机构范围的战略和技术工作组来监测和评估 CFSI。工作组最后确定了 24 个需要额外关注的问题以及 19 个行动计划，将其分为五类：①认可行业流程改善及最佳实践，包括与行业召开定期会议等。②制定或澄清监管指南，将配合澄清 10 CFR 21 "缺陷和不符合的报告"，在指南中明确地将 CFSI 定义为需要根据 10 CFR 21 和标准 XVI 对质量不利的条件进行评估，且根据 10 CFR 50 附录 B 制定 "纠正措施"的偏差等。③沟通，包括将 CFSI 信息纳入当前的 NRC 运行经验和建设经验项目，与美国政府机构间反假冒工作组、国防部、能源部、国土安全部、国家航空航天局、司法部等加强合作、共享信息等。④培训，包括了解任何潜在的 CFSI 培训或适用的信息来源；通过 NRC 的指控培训模块强调识别 CFSI 时，应使用指控过程；为 NRC 检查人员提供培训，以帮助他们评估基本部件的许可方与供应商的程序和流程的有效性，以识别和预防 CFSI。⑤为检测和预防 CFSI 进行有效的行业监督检查，将制定和实施一项试点计划，对数量有限的被许可方进行检查，以评估其 10 CFR 21 中 "采购和商品级认证（CGD）

大纲"的有效性,以及评估在反应堆监督过程中进行持续检查的必要性等。

工作组的最终报告《工作人员对假冒、欺诈和可疑物项的审查》中还详细地列出了CFSI。

(3)被监管方对现有 NRC 法规在 CFSI 中适用性的认识及自身立场

2015 年,NRC 发布了监管问题总结 RIS 2015-08《对核工业假冒、欺诈和可疑物项的监督》,以提高被许可方和其他可能收到信息的承包商和供应商对现有 NRC 法规的认识,以及它们如何适用于 NRC 监管范围内的 CFSI。NRC 明确指出,任何组织或个人向NRC 监管的实体提供假冒或欺诈性材料,违反 NRC 的规定,可能会受到检查、调查、执法和可能的刑事起诉。

在总结了 30 多年来应对 CFSI 的相关行动后,NRC 明确了自己的立场:①"CFSI在其他行业的增加可能会对核工业供应链带来挑战,但 NRC 坚持,现有的 NRC 法规能够为公众的健康和安全提供足够的保护"。因为在大多数情况下,是合规性存在问题,而不是规定不足。②NRC 的安全文化政策声明适用于所有的 NRC 许可和证书持有者以及供应商,以及其他参与 NRC 管制活动的人。积极的安全文化包括维持提出关注的环境、采取质疑的态度、进行有效的问题识别和解决、进行有效的安全沟通以及支持持续的学习等。积极的安全文化可以提高全体员工的警惕性,以便识别和处置 CFSI。③对于 CFSI,核工业的所有人员或公众都可以选择直接通过 NRC 指控程序,通过联系任何NRC 的员工包括驻厂检查员,或拨打 NRC 的免费安全热线来报告核安全关注事项。

NRC 在 RIS 2015-08 中分核反应堆、核材料和放射性废物 3 个部分详细阐释了适用于 CFSI 问题的 NRC 法规。NRC 详细介绍了以下 6 个领域的法规准则,阐释了其如何适用于 CFSI:①设计控制;②采购文件控制;③外购材料、设备和服务的控制;④材料、部件和组件的识别和控制;⑤不合格材料、部件或组件的处置;⑥纠正措施和程序有效性评估。

NRC 强调了质量保证程序的有效性对 CFSI 防控的重要性。要求动力反应堆许可证持有人和申请人通过审计和项目审查定期评估其质量保证程序,以确保其充分和有效。而且建议将 CFSI 的相关经验纳入质量保证程序有效性的评估中。

关于 CFSI 问题的报告方面，NRC 指出，当前为被许可方提供的几种报告机制都侧重于具有一定安全重要性的事件或不利条件，而不考虑特定的因果因素，因此一般情况下 CFSI 不需要单独报告给 NRC。但是，如果被怀疑的物项已经偏离采购文件中明确规定的技术要求，构成了偏差，则必须按要求进行评估，若对安全产生实质危害，达到了相关不符项报告所要求的阈值，则必须报告给 NRC。此外，若该物项对公共卫生和安全或共同防御与安全有重大影响，达到报告阈值，也应报告给 NRC。尽管如此，NRC 也指出，被许可方、申请人和供应商可以提交自愿性报告，以通报那些偏离采购规范并可能具有通用影响的重大偏差，因为在大多数情况下，安全重要性必须根据电厂的具体情况来确定。自愿性报告的格式可以参照事件报告的格式。

此外，针对运行阶段，美国国家标准协会（ANSI）和美国核协会（ANS）2012 年发布的标准《核电厂运行阶段的经营、管理和质量保证控制》规定："应实施一个（或多个）程序，来帮助识别假冒、欺诈性产品。该程序（或多个程序）至少应包括对产品的抽查和测试，以验证产品是否符合采购要求。"NRC 在其监管导则 RG1.33《质量保证程序要求（运行）》中认可了这一规定。

（4）积极与外部保持联系

NRC 积极与被监管单位、联邦机构（美国政府机构间反假冒工作组、国防部、能源部、国土安全部、国家航空航天局、司法部等）、国际组织、行业协会（核能和其他工业领域）及学术界互动，及时了解 CFSI 的发展趋势。NRC 检查人员与这些外部组织合作，评估采购过程中的漏洞，并分享供应链中预防 CFSI 的最佳实践。NRC 定期举办公开研讨会，提供有关 CFSI 的信息和最新进展，并征求业界的反馈意见和吸取的教训。NRC 还参加 NEA 和 IAEA 的会议，与外国监管机构分享 CFSI 的信息和经验教训。

值得一提的是，NRC 还与其他 22 个机构一起作为国家知识产权协调中心特别工作组的一员，参与打击侵犯知识产权的行为。

2.1.3　NRC 内部监察

2.1.3.1　2009 年监察（第一次）

2009 年，NRC 独立监察办公室（OIG）对机构的供应商检查计划进行审计，评估现有的机构政策和程序能否确保核能领域受到充分保护，不受 CFSI 再次抬头的影响（图 2-1）。OIG 认为，NRC 在处理 CFSI 问题上的整体方法偏于被动，可以采取更为积极主动的措施来强化现有流程，从而提升应对方法的效能。OIG 指出，联邦政府和私营部门都已开始认识到在核能和其他工业中 CFSI 的增长趋势，而机构当前流程中存在缺陷。OIG 得出的结论是：“由于缺乏正式的策略，NRC 对识别 CFSI 所需资源的认知以及分配能力存在不足，并削弱了机构为解决 CFSI 所做的知识管理工作。”

（a）对 NRC 供应商检查计划的监察报告

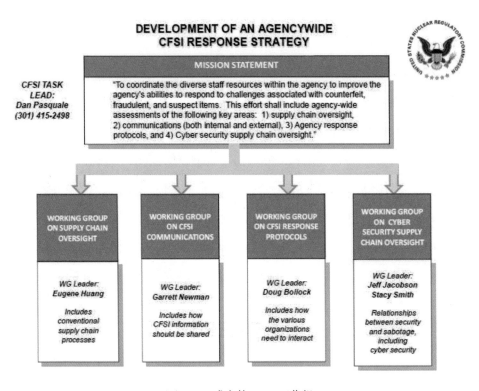

（b）NRC 成立的 CFSI 工作组

图 2-1　2009 年 NRC OIG 针对 CFSI 的首次监察

　　根据 OIG 的建议，NRC 制定和实施了正式的全机构战略和计划来监控和评估 CFSI。其创建了一个内部特别工作组，由可能受 CFSI 问题影响的各办事处代表组成，并设立了供应链监管、沟通、响应协议、网络安全供应链监管等四个工作小组，来评估其具体领域的活动和潜在的弱点。评估集中在商业核采购过程中的主要要素，包括当前的 NRC 法规和指南、被许可方的程序、供应商和次级供应商的实践、组织间的沟通以及 NRC 内部活动。此外，本次还评估了网络安全的现状，因为它涉及关键数字资产（CDAs）的供应链监管。

2.1.3.2　2021 年监查和特别调查（第二次）

　　2022 年 2 月 9 日，NRC 的网站上发布了两则与 CFSI 有关的报告，其中一则是由 OIG 发起并发送给 NRC 运行执行部门主任的监查报告《关于核管理委员会对核电反应堆假冒、欺诈和可疑物项监督的监查》（OIG-22-A-06），另一则是 OIG 的监察长（Inspector General，IG）发送给 NRC 主席的特别调查报告《对运行核电厂中假冒、欺诈和可疑物项进行的特别调查》（OIG CASE No. 20-022）（图 2-2）。开展此次监查和特别调查的原因，是 OIG 接到举报，举报人指出需要关注的 3 个方面：CFSI 存在于美国大多数（如果不是全部）核电站，NRC 降低了 CFSI 的监管标准，以及 NRC 没有回应有关 CFSI 的举报。

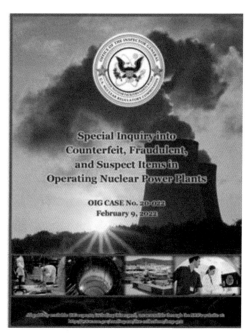

图 2-2　2022 年 NRC OIG 针对 CFSI 的特别报告

（1）《关于核管理委员会对核电反应堆假冒、欺诈和可疑物项监督的监查》

OIG 于 2021 年 5 月 6 日—12 月 13 日在马里兰州罗克维尔的 NRC 总部进行了绩效监查。监查组分析了 2016 年 1 月 1 日—2021 年 8 月 31 日潜在的 CFSI 案例。审查了控制环境、风险评估、活动控制、信息和沟通以及监视等领域。在这些领域中，OIG 审查了以下方面：恪守诚信和道德价值观的原则；组织结构、职责和授权；招聘、发展和留住有胜任力的员工；确定目标以明确识别风险；识别、分析和应对风险；评估舞弊风险；设计控制活动；信息系统设计活动；按照政策实施控制活动；内外部沟通；执行监视活动；评估问题与弥补不足。

OIG 分析了 2019 年和 2020 年的检查报告，对监督检查程序 71111.12（维修有效性）样本进行了审查；还包括 CGD、合格零部件或质量保证大纲等。监查组还审查了 AMS、RPS/ROE 和 TRG 数据库中潜在的 CFSI 案例，以确定如何记录案例，以及用于获取 CFSI 信息的机构数据系统之间是否存在重叠。此外，监查组还采访了 37 名 NRC 工作人员，以及 10 名许可证持有者、核能研究所、美国核电运行研究院（INPO）、核能采购事务公司（NUPIC）和美国电力研究所（EPRI）的核工业人员代表，了解他们识别和处理潜在 CFSI 的流程。

本次监查的目的是评估 NRC 的监督活动，是否合理地确保核电厂许可证持有者的大纲有足够能力来降低正在运行的、在建的和尚未商运的反应堆中存在的 CFSI 的风险。

监查报告开始部分回顾了 CFSI 的定义，包括 10 CFR 50 附录 B 以及 10 CFR 21 在内的 NRC 适用于 CFSI 的法规，CGD、NRC 的供应商监督检查大纲，许可证持有者的收货检查，诸如 NUPIC 等第三方机构、NRC 在 CFSI 方面的职责以及 CFSI 信息来源等方面的内容。通过监查，发现两方面问题，并针对问题进行了原因分析以及重要性论证等工作。具体内容包括：

1）NRC 的 CFSI 流程需要进一步澄清

监查发现，NRC 缺乏一个收集、评估和传播潜在 CFSI 信息的流程。出现这种情况的原因是，NRC 缺乏一个统一的全机构范围内的 CFSI 方法（包括定义 CFSI），机构在缓解 CFSI 方面的作用以及明确 CFSI 办公室的角色和责任的具体指导。因此，NRC 对 CFSI 的立场可能无法被工作人员理解，CFSI 漏检的风险也会增加。

潜在的 CFSI 信息可能来自运行经验处、执行办公室、调查办公室（OI）以及总部和地区监督站等不同的渠道，不同的监督站对其进行不同的处理。有时监督站会将信息标记为 CFSI，有时不会。而且 CFSI 的信息并不总是在监督站之间共享。另外，自 2018 年以来，NRC 就没有再发布过关于 CFSI 的新信息通知，有关 CFSI 的资料没有及时传递给外部利益相关者。另外，NRC 有指控管理系统（AMS）和反应堆大纲系统（RPS）两个数据系统，其中 RPS 的反应堆运行经验（ROE）模块包含 CFSI 信息，但这两个系统之间的信息并不总是一致的，也不容易搜索。

监查组分析上述问题产生的原因时指出，NRC 缺乏具体的 CFSI 指南以及一个统一的、涉及全机构范围的 CFSI 监督方法。监查组还指出，由于没有一个明确的 CFSI 方法，NRC 也向国际社会传达了它不认为 CFSI 重要的信息。

针对上述发现问题，监查组向运行执行部门主任提出 5 个方面的建议：制定收集、处理和传播 CFSI 信息的流程和指南；在整个机构内或至少与受 CFSI 影响的部门沟通这些流程；为 CFSI 制定全机构内统一的方法，明确以减少 CFSI 进入机构监管的设备、部件、系统和构筑物为目的的主要目标；进一步明确定义 CFSI；在 AMS 中增加 CFSI 类别。

2）机构内 NRC 员工对 CFSI 的认识各不相同

监查组指出，对 CFSI 的认识不一致是一个值得关注的问题，因为工作人员可能会错过发现许可证持有者在其质量保证大纲下识别和适当解决 CFSI 能力的潜在缺陷的机会，这可能导致 CFSI 部件被安装在核电站。但在监查过程中，监查组发现员工对 CFSI 的认识和理解以及它与监督检查的关系在机构内部各不相同。分析其原因，监查组认为，产生上述问题的原因是监督员没有接到在核电厂寻找 CFSI 的指示并且缺乏这方面的培训。而这些问题的后果就是 NRC 可能会错过识别潜在 CFSI 的机会。为此，监查组指出 NRC 应说明其对 CFSI 的立场，并通过有效的培训来确保员工理解该立场及其对检查的适用性。此外，几位 NRC CFSI 方面的专家宣布在 2021 年年底退休，而适当的知识管理和传承是必要的。因此，监查组对运行执行部门主任有以下建议：制定监督检查程序，其中带有识别 CFSI 案例的指南；对监督员进行 CFSI 培训；制定与 CFSI 有关的知识管理和传承计划。

（2）《对运行核电厂中假冒、欺诈和可疑物项进行的特别调查》

OIG 为了回应举报而发起了本次特别调查，与此同时进行了上述的监查。本次调查审查了 NRC 对美国运行的核电厂中 CFSI 的监督是否充分，以此解决举报问题。经过审查、访谈，调查组发现了以下 5 个方面的问题：

①运行电厂中存在 CFSI。NRC 将美国核电厂分为 4 个监督站进行管理，调查组在每个区中抽取了一座核电厂，发现第Ⅲ监督站辖区内有一座核电厂正在使用 CFSI。此

外，一位 NRC 负责人告诉调查组，第 I 监督站辖区内的核电厂存在两个 CFSI 部件故障，许可证持有者确定为 CFSI。OIG 最近的一份监查报告仍显示，运行核电厂存在 CFSI。

②尽管 NRC 工作人员在识别和防止 CFSI 进入电厂方面没有直接责任，但 CFSI 在运行核电厂中的使用程度尚不清楚，因为 NRC 通常不要求许可证持有者跟踪 CFSI，除非达到严重不利于质量的情况或达到 10 CFR 21 "缺陷和不符合的报告"规定的需报告问题的条件。调查组还了解到，CFSI 并未在地区监督站纠正行动计划中专门跟踪，即使进行了跟踪，也是自愿的，并且方法和数据的质量因许可证持有者而异。

③调查组没有证实 NRC 降低了 CFSI 标准，但发现了几个这样的例子：缺少有关 CFSI 违法的信息、依据 10 CFR 21 进行报告的数量有下降趋势，以及 2016 年终止了旨在解决 NRC 工作组确定的 CFSI 监督问题的规章制定工作。

④尽管 2016 年以来，一些第三方机构报告的潜在 CFSI 案例少于 10 例，但本次调查显示 CFSI 总数可能更高。调查组发现，美国能源部（DOE）工作人员仅在 2021 年就发现了 100 多起涉及 CFSI 的事件，其中包括 5 起涉及其核设施中安全重要部件的事件。

⑤尽管 NRC 的《举报手册》包括处理假冒/欺诈零部件的规定，但调查组发现 NRC 并未就举报人对 CFSI 存在的担忧进行调查或采取任何实质性行动，NRC 也没有通过其举报审查委员会处理举报人在过去 10 年中提供的信息。

针对上述问题，调查组在调查报告的背景描述中，针对 NRC 相关法律法规进行了深入研究，其中对 10 CFR 21 相关条款进行了较为详细的解释和澄清。在调查报告的"详细情况"中，调查组从以下 4 个方面进行了详细说明。

1）运行核电厂的 CFSI

主要发现两个问题：①许可证持有者目前正在运行核电厂中使用 CFSI；②许可证持证者没有特别跟踪 CFSI。

2）CFSI 监督标准

在调查过程中，有关人士透漏：NRC "不知道任何（特别是 CFSI）的违规行为"。NRC 的网站显示，过去 5 年中，供应商和许可证持有者按照 10 CFR 21 报告的数量有所下降。自 2011 年以来，运行核电厂按照 10 CFR 21 报告的数量至少减少了 50%。调查组收到信息，许可证持有者每年会收到 2～3 次符合 10 CFR 21 报告筛选标准的潜在部件。但调查发现，在 NRC 全机构文件访问和管理系统（ADAMS）中，许可证持有者未进行记录。

3）美国联邦政府和国际 CFSI 的关注点

DOE 已发布了 DOE O 414.1D《质量保证》附件 3 "预防可疑/假冒物项"，并且由 130 名工作人员组成的 DOE CFSI 工作组正在为所有的 DOE 工作人员开发一个全面的报告系统，用于报告发现的 CFSI 部件。

2019 年，IAEA 发布了一份关于 CFSI 关注点的报告，包括 CFSI 对工作人员安全、核电厂绩效、公众和环境的直接和潜在威胁，以及它们对核电厂成本的潜在负面影响。该报告称，核电厂营运单位不仅要关注设备或部件，还要关注核电厂建设中使用的原材料以及运行核电厂中使用的化学品和其他物质。该报告向大家发出警告，即使是从初始设备制造商处采购的设备也可能是假冒品或欺诈品，该报告还讨论了严格的供应链和采购流程的重要性。另外，该报告表明，CFSI 可能是无意采购的，并早已安装在核电厂中了，必须尽早识别出此类 CFSI 并进行评估（这包括进行内部交流并记录信息，以及与整个核行业共享由此汲取的经验教训）。据 IAEA 报告，电子零件越来越容易造假，且不易被发现。

4）NRC 对 CFSI 举报的处理

NRC 对 CFSI 举报的处理包括两项议题。

①NRC 没有处理举报。调查发现，尽管 NRC 的《举报手册》中包含处理假冒/欺诈性零件举报的规定，但 NRC 并未就举报人关注点——大多数（如果不是全部）美国核电厂中存在 CFSI，按照相关要求进行调查或采取任何实质性的行动。另外，NRC 的举报管理系统没有直接跟踪 CFSI 的举报；相反，它们被归类为不当行为或伪造。截至本报告发布之日，自 2010 年以来，NRC OIG 已经调查了 12 项与 CFSI 相关的举报，没有一项举报得到证实，且目前尚未展开与 CFSI 相关的调查。

②NRC 发行的与举报相关的出版物缺乏明确性。调查组发现，NRC 发行的关于举报事项的出版物——《常见问题》和 NRC 手册（NUREG/BR-0240）都省略了有关非举

报类的信息，这的确是对举报人关切点进行分类的方式。NRC 审查举报的方法中没有提及此类信息，是因为这种信息看似具有公众误导性。举报事项的出版物没有提及按照举报程序需要递交怎样的信息、问题或关切点，如果举报人提供的信息、问题或关切点被确定不符合 NRC 有关指控的定义，那么就会被归类为非举报事项。NRC 发行的与举报相关的出版物缺乏明确性，这并不是一种假设性的担忧；事实上，OIG 收到了许多投诉，表明公众并不了解举报筛查程序。

调查最终结论：根据 NRC 的评判，潜在 CFI 案例的数量较少，由此对核电厂的影响相对较小。然而，NRC 可能低估了核电厂中 CFSI 的数量及其影响，因为 NRC 不要求供方报告 CFSI，除非在特殊情况下，如涉及执行重要安全功能的设备故障。CFSI 可能会对执行安全功能所需的核电站设备产生严重后果，因此其在核安全和安保方面值得关注。通过这次特别调查，OIG 了解到，CFSI 实际上存在于 NRC 监管的核电厂中。OIG 还了解到，NRC 的监管框架中存在一些潜在缺陷，如 2011 年 NRC 工作组发现的缺陷，尚未得到令人满意的解决。这样的监管漏洞可能会增加 CFSI 不被发现的可能性。此项特别调查进一步揭示，在某些情况下，NRC 没有正确处理有关 CFSI 的举报或其他信息。

2.1.3.3　对 OIG 监查和特别调查的响应

2022 年 4 月 11 日，NRC 运营执行总监（EDO）向 OIG 回复了标题为《响应 NRC 对核电厂 CFSI 监督的监查》的报告，其中工作人员“同意”OIG-22-A-06 报告中提出的八项建议，并明确了计划采取的加强 CFSI 监督过程的行动，以及完成目标的日期。

2022 年 4 月 25 日，NRC EDO 向 OIG 回复了标题为《响应 OIG 对运行核电站中 CFSI 进行的特别调查》的报告，其中表明：“在审查的基础上，机构人员确定没有证据表明 CFSI 对反应堆设施的安全构成了威胁；反应堆设施的纵深防御措施足以减轻 CFSI 带来的潜在失效；系统、构筑物或部件中任何潜在 CFSI 所带来的失效，将小幅增加总体风险，其中对安全裕度的影响最小，对公众健康和安全的影响可以忽略不计。此外，对于核材料安全和保障办公室（NMSS）监管的设施，工作人员确定已经充分地减少或减轻了 CFSI 问题。关于规章程序，对遵守要求和纵深防御措施提供了信心，如果出现问题也能及时预防或缓解 CFSI。因此，工作人员得出结论，反应堆设施和 NMSS 规范内设施的 CFSI，没有现实的安全问题。""根据评估结果，工作人员确定 NRC 的监管框架（包括风险指引方法和纵深防御原则）以及全面监督计划的实施，给许可证持有者和合规证书持有人已经充分预防或减轻了 CFSI 带来的风险提供了信心。工作人员认识到，OIG 报告为机构提供机会，使现有方案和程序的执行得到渐进式改进。……我们将根据工作人员的建议，加强 NRC 在若干领域对 CFSI 的监督情况，包括加强知识管理、增强对缺陷报告监管要求的认知。这些提议大部分都是由已经计划和进行的行动所包括的，这些行动在工作人员对 OIG-22-A-06 的响应中有所描述。"

OIG 核实了工作人员所采取的行动，并于 2022 年 10 月 6 日发布备忘录予以回复："报告（OIG-22-A-06）中的建议项 1、3、5 现已结束。建议项 2、4、6、7、8 已开始行动，但尚未完成。请在 2023 年 5 月 31 日前提供相关建议项的最新完成情况。"

2.2　美国能源部

1988 年 7 月，在收到 NRC IN88-96《关于在核电厂发现可疑电气设备》后，美国能源部（DOE）首次关注与处理所管设施中可疑/假冒物项（suspect/counterfeit items，S/CI）。1993 年，DOE 核能办公室发布了 S/CI 计划（旨在为解决整个 DOE 综合体的 S/CI 问题提供全面的方法和时间表），1995 年 11 月，DOE 环境、安全和健康办公室发布《能源部内 S/CI 的独立监督分析》（指出 DOE 在解决 S/CI 问题时，存在高度的不一致性和不完整性）。由此，能源部副部长任命了一个能源部高级管理人员工作组来解决 S/CI 问题，随后在 1996 年与 2003 年开展了专题研究，时至今日逐步形成 DOE 特色的防造假制度。

（1）在质量保证行政命令中增加专门防造假制度

与 NRC 思路不一样，尽管 DOE 的质量保证法规 10 CFR 830.120 中没有 S/CI 内容，但 DOE 认定 S/CI 属于质量问题而将其列入质量保证监管范畴，于 2004 年修订 DOE 质量保证行政命令（DOE O 414.1B）时增加专门内容，建立以下制度：①专门的监管部门——环境、安全和健康办公室；②S/CI 报告处理流程；③S/CI 控制要求，并加入质量保证体系要求中。目前，该行政命令有效版本是 2011 年修订的 D 版，监管思路保持相当的稳定，以下介绍其 S/CI 控制要求。

DOE O 414.1D 行政命令规定营运单位质量保证大纲必须包括：①包含与设施/活动危害和任务影响相称的 S/CI 监督和预防流程。②明确负责 S/CI 活动以及与 DOE 环境、安全和健康办公室联络的职位。③就 S/CI 流程和控制（包括 S/CI 的预防、探测和处置）向经理、主管和工人提供培训和通告。④通过以下方式预防 S/CI。a. 工程参与；b. 在采购技术规范书中确定技术和质量保证要求；c. 仅接受符合采购规范、共识标准和公认行业惯例的物项；d. 检查库存和存储区域，以识别、控制和处置 S/CI。⑤包括已安装在安全应用和其他可能产生危险的应用中的 S/CI 的检查、识别、评估和处置流程。还应说明如何使用支持性工程评估已安装的 S/CI 的可接受性，以及如何标识 S/CI 以防止将来误用。⑥对安装在安全应用/系统或产生潜在危险的应用中的 S/CI 进行工程评估和处置。评估必须考虑对公众和工人的潜在风险、成本/效益影响，以及更换时间表（如果需要）。⑦进行评估，以确定安装在非安全应用中的 S/CI 是否存在潜在的安全隐患，或是否可能保持在原位。在日常维护和/或检查期间标识已处置的 S/CI，以防止将来在这些应用中使用。⑧向 DOE IG 报告。⑨收集、维护、传播和使用有关 S/CI 和供应商的最准确、最新信息。⑩进行趋势分析以改进 S/CI 预防措施。

（2）在事件报告与经验反馈制度中增加 S/CI 事项

DOE O 414.1D 行政命令规定 S/CI 必须按照 DOE M 231.1-2《运行信息的事件报告和处理》进行报告。自 DOE O 414.1B 生效以来，DOE 于 2006 年修订 DOE O 210.2《DOE 企业运营经验大纲》行政命令，增加了报告 S/CI 要求。2011 年发布的新一版 DOE O 210.2A《DOE 企业运营经验大纲》行政命令，关于 S/CI 内容如下：①事件报告事项中新增了可疑/假冒或有缺陷物项类别，并在附录报告类别将其归为 OE-2（Operating Experience Level 2）；②在环境、安全和健康警告（Environment，Safety and Health Alerts）中新增发布的可疑/假冒或缺陷物品一类信息；③信息发布在 DOE 运行经验库、政府行业数据交换计划（GIDEP）、INPO 和其他数据库。

DOE 还同步修订行政命令 DOE O 232.2《运行信息的事件报告和处理》，新增了有关 S/CI 报告准则及报告内容，随后其实施导则 DOE M 231.1-2《运行信息的事件报告和处理》也对应修改。新增报告准则如下：①在安全等级或安全重要构筑物、系统或部件（SSC）中发现的任何可疑/假冒物品或材料。可疑物品或材料是指其文件、外观、性能、材料或其他特征可能被供应商、分销商或制造商歪曲的物品或材料。假冒物品或材料是指有充分证据表明存在故意虚假陈述的物品或材料。②发现办公用品、办公设备或家用产品以外的任何可疑/假冒物品或材料。③在全部应用中发现任何有缺陷的物品或材料（可疑/假冒物品或材料除外），其故障可能导致安全功能丧失，或对公众或工人的健康和安全造成危害。其中，缺陷的物品或材料是指不符合目录、建议书、采购规范、设计规范、测试要求、合同等规定的商业标准或采购要求的任何物品或材料。它不包括因随机故障或错误而在可接受的可靠性水平内发生故障或发现有不充分的零件或服务。新增报告内容如下：①关于可疑/假冒和有缺陷物品或材料的报告，必须包含制造商/供应商（包括联系人、电话号码和网站）、型号和零件号、发现的数量、物品/材料可疑/假冒或有缺陷的原因，以及提供物品/材料的使用方式。报告还必须包括检测方法（接收检查、安装前工艺检查、运行中检查或故障），并确定由此产生的任何后果。②必要时，照片、草图、图纸和证人陈述面谈笔记必须与事件报告记录一起保存，以便澄清。此外，鼓励但不要求网站通过网页提供照片、草图和图纸。

（3）将 S/CI 内容纳入 DOE IG 日常事务

DOE O 414.1D 行政命令规定销毁或处置 S/CI 和相应文件之前，必须联系 DOE IG，以便 IG 确定是否需要保留这些物品和文件以进行刑事调查或诉讼。2008 年修订的现行有效行政命令 DOE O 221.1A《向监察长办公室报告欺诈、浪费和滥用》，涉及 S/CI 规定如下：①在年度报告与告知事项中增加 S/CI 事项；②在处理流程中增加 S/CI 事项；③在热线报告内容中增加 S/CI 事项。总之，该行政命令明确将 S/CI 纳入 IG 监管内容，并由 IG 联合法律咨询委员会决定是否发起刑事调查或诉讼。

（4）DOE 发布有关 S/CI 监管手册和培训教材

早在 1997 年，DOE 发布了实施导则 DOE G 440.1-6《用于 DOE O 440.1 工人保护管理和 10 CFR 830.120 与 DOE 5700.6C 质量保证中有关可疑/假冒物品的要求实施指南》。尽管当时还没有建立系统的防造假制度，但 DOE 已经开始行动。该指南主要内容如下：①定义了 S/CI。②对下述方面控制措施的具体建议如下。a. 采购控制；b. 收货验收；c. 工程参与；d. 已安装物项；e. 去除与处置。③发生报告和信息交换。④向 DOE IG 报告。⑤培训。⑥评价与监督。现在该文件已撤销，但其内容适应性地反映到后续的 DOE 行政命令、导则、手册当中，特别是 S/CI 定义和主要控制要求基本保留了下来。

DOE 开展了很多期 DOE 管辖范围内的 S/CI 培训，并发布了 S/CI 手册。2017 年发布的《S/CI 物项资源手册》，主要内容如下：①S/CI 的发现与报告；②S/CI 信息资源；③DOE 范围预防 S/CI 良好实践；④S/CI 的去除和处置；⑤S/CI 通常迹象（分紧固件和电气设备）；⑥易假冒物项类别（分管道、阀门、电气设备、质量文件、不锈钢绳索和提升设备）。手册中还列举了各类 S/CI 的特征及其图片，对工程实践具有重要的参考价值。

2.3　美国电力研究所

2014 年，针对在美国本土及全球电力行业频发的 CFSI 事件，美国电力研究所（EPRI）发布了一份技术报告《电厂支持工程：假冒和欺诈物项》（图 2-3）。该技术报告主要包括历史背景，近期事件，CFSI 的主要来源，预防、探测和控制措施，报告和共享信息，关键节点，以及标准合同条款等内容。

该技术报告将 CFSI 发生的原因归结为以下几个方面。

（1）利益驱动

利益驱动是最主要的因素，相较于正规的生产厂家，造假者可以在低于成本价的情况下谋取高额利润，而无须承担产品研发、材料选择、工艺试验、前期投资、许可申请、市场开发等环节的费用。

（2）供应链全球化

受到本国生产成本、工艺水平或时间节点的限制，许多核电厂设备的制造和采购是由国外供应商承担。在制造业中，由于采用现成的生产设备和技术，产品可以在不需要相关工程经验和试验的情况下被制造出来。制造商在这种情况下会有意或无意地改变产品材料，提供不合格产品，以便能快速制造出接近正规产品的伪造产品。

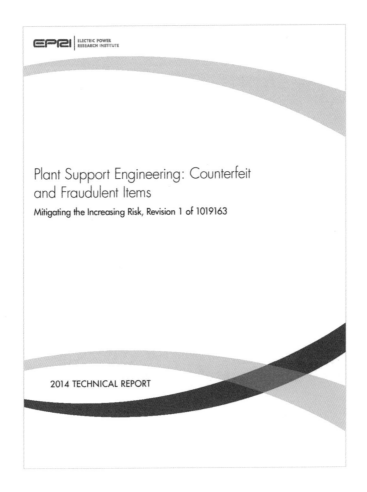

图 2-3　EPRI 技术报告《电厂支持工程：假冒和欺诈物项》

（3）过于相信供应商，缺少有效的控制手段

某些客户认为与其长期合作的供应商不会出现问题，或者某些供应商是业内知名品牌，享有很好的声誉，因而放松对其监督。实际情况是某些供应商将产品委托给二级或三级分包商，从而导致产品质量无法得到保证。

（4）缺乏对造假后果严重性的认识

某些供应商没有充分认识到其产品出现造假问题的严重性和可能导致的结果，尤其是产品应用在核电厂的设备上，可能出现在核电厂停堆或事故情况下由于设备失灵而引发严重后果的情况。另外，这些供应商内部缺乏员工培训，整体安全意识较为薄弱。

（5）技术工艺的更新

随着新技术或标准出现，某些制造商可能将新产品与库存老产品的标准混淆，或者供应商故意提供不符合新标准的老产品，加上缺乏新的检测手段，从而蒙混过关。

（6）法律不健全，执法困难

虽然存在有关防止和惩治造假、欺骗等行为的法律，但是涉及的范围太广，加上供应商的隐瞒以及供货渠道的多样化，很难识别出哪个环节对文件进行了伪造。

另外，该报告对 CFSI 的应对环节，提出应着重考虑以下 3 个方面。

1）预防

包括确立适当的关注范围、使用授权分销商、加强供应商沟通和接口（向供应商索取已知 CFI 问题的信息、提高供应商资格要求等）、识别"高风险"的采购以及教育与培训。

2）识别

包括警惕性检查（源地验证、收货检查、安装前检查等）、主动性验证等。

3）处理

包括制定 CFSI 处理程序文件、控制和报告可疑物项的通用流程［识别 CFSI、隔离 CFSI、收集相关信息、进入纠正措施体系、通知制造商并获取鉴定信息、向行业通报 CFSI 信息、筛选监管报告、通知相关执法机构（非 NRC），以及有效报告、收集和共享事件信息等］。

第 3 章

国际组织核电领域防造假经验研究

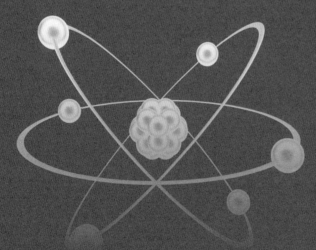

3.1　国际原子能机构

　　2000 年，国际原子能机构（IAEA）首次发布了 TECDOC-1169《核工业中 CFI 的管理》，且在 2019 年对其进行了更新，将该技术报告编号确定为 NP-T-3.26（图 3-1），其中专门针对 CFI 的管理进行了分析和探讨。

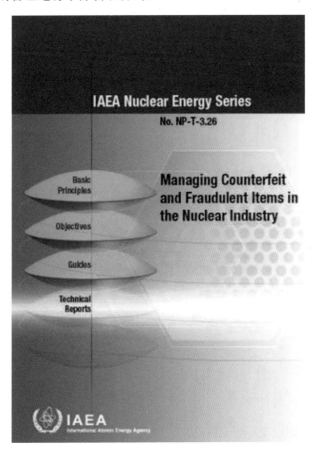

图 3-1　IAEA NP-T-3.26《核工业中 CFI 的管理》

3.1.1　国际经验

　　NP-T-3.26 在汇总了近年来部分成员国、行业组织［INPO、世界核电运营者协会

（WANO）等］在核工业和其他行业中发生的 CFI 相关案例的基础上，对 CFI 管控经验
进行了总结。经验表明，目前出现的 CFI 范围通常包括一般物项，如螺纹高强度紧固件、
管道、机械部件；电气和电子部件；散装材料和化学品（包括由其二级供应商提供给最
终或一级供应商的材料和化学品）。而根据近期相关记录发现，在核工业中出现了与欺
诈性材料或试验证书以及与服务交付有关的欺诈性记录的案件。

通过对相关案例的分析，报告认为 CFI 更可能出现在下列情况：

— 对造假者有显著的经济效益；

— 物项难以核实或一般不核实；

— 采购要求（技术规范）定义不清；

— 验证是否满足采购要求的方法或标准不充分；

— 需要紧急更换物项（有进度压力）；

— 供应商资格的快速认证；

— 该物项由单一来源提供，性能不可靠或未经验证；

— 所涉及的组织内没有强有力的安全文化。

3.1.2　建议措施

IAEA 认为采购过程涉及核设施寿期的所有部分，为应对日益增加的 CFI，防控 CFI
的规定需要成为核设施管理体系的一部分。

为防控 CFI，核设施管理体系需要包括以下措施：

— 预防 CFI 进入核设施；

— 识别、调查和处理疑似 CFI；

— 管理、监督和控制已识别的 CFI；

— 与其他可能受影响的设施、监管机构和其他行业参与者共享信息。

IAEA 在报告中详细介绍了预防与识别、管理和控制 CFI 的措施。

（1）预防

营运单位需要采取预防措施，有效地协调其供应链管理活动，以减轻 CFI 进入设施

的风险。有效的管理体系对防止在核设施中引入和安装 CFI 至关重要。

通过对以下关键方面予以解决，就可以基于多重过程进行预防。

1）管理职责

最高管理者需要意识到将 CFI 引入核设施的相关风险，并需要制定和实施应对这些风险的政策。管理层将与 CFI 有关的问题传达给营运单位中的适当个人和部门，以便采取适当的措施。需要为已识别的 CFI 制定流程，包括控制、跟踪和报告、培训、沟通和信息共享，以及 CFI 处置中的不符合报告和工程参与。

2）培训

与 CFI 相关的典型培训包括员工入职培训、进修培训，以及针对直接参与供应链和安装过程的岗位的特定培训。此外，鉴于不道德行为是大多数 CFI 问题的核心，培训还应包括职业道德方面。

岗位培训可包括对设计、采购、货源检验、质量控制、仓储、运输、维修、生产、过程检查、试验和调试、工艺、现场承包商人员等，以及负责报告和经验反馈的人员的教育和培训。此外，还可以包括营运单位以外的非现场人员，如供应商、制造商和承包商的教育和培训。

3）工程参与

工程人员参与采购过程的所有阶段。这包括供应商的评价、采购要求规范（包括产品制造和接收过程中所需的任何检查和试验）、检查和试验结果的审查、产品验收、偏差或不符合项的授权和处置以及故障调查。工程参与采购的程度与物项的安全重要性、复杂性、特殊性和预期应用（分级方法）相称。

4）供应商选择和监督

营运单位需要有监督供应商及其合同工作的管理体系程序。根据产品和服务的等级确定监督方法，包括审查和评估供应商、定期沟通（包括向供应商索取 CFI 数据），以减少 CFI 进入供应链的风险。

5）采购管理（风险管理和确定采购要求）

采购组织内的工作人员需要通过培训、经验和过程控制，识别和确认采购风险，建立明确的采购要求，制定标准采购条款，传达营运单位对供应商或其分包商有关 CFI 和管理体系要求的期望，并应向供应商提出问题的概况。

除此之外，其他有助于预防 CFI 的活动包括制定处理供应商假冒的政策、制定报废和处置政策、使用人因工具（如工前会）帮助提高 CFI 意识，采用先进的产品防伪识别技术，建立强调供应多样性的设计规则。

（2）识别、管理和控制 CFI

营运单位应建立相应过程，及时识别异常情况，以便进一步调查；对不符合的事项（包括不符合的物项或服务）应建立不符合管理过程。如果员工意识到与 CFI 相关的风险和缓解措施，则可以通过现有的纠正措施或不符合管理流程来识别和处理 CFI。

1）检查和验收试验

物项在验收、安装或调试前，必须通过检查和验收试验来保证其符合性。检查和验收试验是采购方对所购物项管理体系监督过程的一部分，在防止 CFI 进入核设施方面具有关键作用。这些检查和验收试验可包括：

①源地检查。这些检查可在各种主要制造步骤中进行，或在装运前进行最终检查和试验（如出厂验收试验），或两方面同时进行。它们可能包括目视检查、材料控制的检查和质量记录的审查。还可以考虑对部件进行更详细的检查，包括对材料试件进行破坏性或非破坏性试验（以帮助确认可追溯性和材料特性）。对于关键物项，该试验可由独立实验室进行检查或复验。

②收货检查。这些检查包括确认物项的身份、检查是否有运输损坏、检查是否已收到适当数量的物项、确认已收到证书或其他文书和手册，以及根据物项的关键特性进行特定的检查或验证试验。如果发现不符合，则应将这些物项进行物理隔离，以防止在问题得到解决之前被意外使用。对于有风险的采购，可能需要加强收货检查。

③安装前检查和安装后验收试验或现场验收试验。由经过培训、了解潜在 CFI 检测关注事项的人员开展安装后验收试验或现场验收试验，完成对收到的适用物项的检查和试验计划。

④独立试验。签订设备和部件的独立试验合同，由独立的试验机构开展零部件的检

测和认证，以降低引进 CFI 的风险。

2）已识别 CFI 的处置和决策

在识别 CFI 后，应将 CFI 对安全的影响情况进行工程评估。根据 CFI 状态的不同，可采取不同的处置措施。若 CFI 尚未安装，则应将其处理；若已经安装，则应将其从现场移除。需采取措施，以防止在后期引入类似（或相同）的 CFI。此外，当在制造的初始阶段检测到 CFI 时，需要立即采取行动停止 CFI 的制造，并检查即将出厂的产品不会遭受相同类型的偏差。若不可能立即完全处置或清除 CFI，应在产品上做适当的标记，以识别其 CFI 状态。CFI 的处置应始终考虑不符合的程度，并验证是否存在其他相同或类似物项受已识别 CFI 的影响。移除的 CFI 应永久且不可撤销地更改或标记，防止重复使用。

3）调查

在确定可疑物项不是真品后，应认真考虑调查该物项的采购、验收或安装情况。通常采取措施防止此类情况再次发生。这些措施通常作为管理体系纠正措施过程的一部分。

3.1.3　管理、监测和控制

核工业内部 CFI 控制中吸取的经验教训呈现出以下良好做法和特点：

— 合同或采购文件应明确规定采购物项和采购的具体要求，包括确定供应商在检测到 CFI 时的责任，适用的制裁条款，以及供应商在调查和分析潜在 CFI 方面的合作要求。

— 应特别注意作为封闭或密封产品交付至仓库并在仓库验收的物项。买方应在包装前在供应商工厂（总装和包装地点）进行检查，并由供应商在合同中批准。

— 应实施和执行有效的货源检验、收货检查和试验方案。

— 应实施全面的、以工程为基础的方案，以审查、试验专用商品级物项是否适合在安全系统中使用。

（1）涉嫌假冒伪劣物项的处理

建立对涉嫌假冒伪劣物项的报告流程。流程应确保工作人员报告此类事件，隔离可疑物项及其包装和证明文件。

处理可疑 CFI 的步骤通常包括：

①隔离可疑物项；

②将事件记录在组织的纠正措施计划中；

③评估直接的安全性和可操作性影响，并进行一定程度的条件审查；

④通知相应的内部组织；

⑤收集信息；

⑥考虑向行业数据库报告初步调查结果；

⑦与适当的供应链参与者联系，以获取有关事件或任何正在进行的调查的信息；

⑧根据需要检查、试验、审查或采取其他措施，以确定物项是否真实和/或不合格；

⑨实际处置确认的 CFI；

⑩根据需要与监管机构、行业、执法机构和其他适当机构分享经验教训和行动。

（2）跟踪

应记录并跟踪任何可疑的 CFI（即使在随后可能确认该物项为真实物项的情况下），并在适当时考虑并向供应链参与者提供反馈。应建立包括所有 CFI 信息、物理位置、所用执行程序及处置状态的数据库，以跟踪、监控、报告 CFI 状态和供应商的后续行动。该数据库还将有助于减少再次发生的风险，防止 CFI 意外重复使用，并有助于确保在规定时限内完成纠正措施，以及记录所吸取的经验教训。应考虑按商品类别（如电气部件、机械零件、化学物质）或风险重要性对报告进行分类或筛选。

该数据库还可以包括与 CFI 相关的外部运行经验，包括 CFI 供应商的更替情况、监管机构和检验机构发布的清单和公告、外部组织提供的信息和经验等。

（3）监督调查和评价

管理者应将对 CFI 的审查和评估作为正常管理者自我评估活动的一部分，定期审查和评估 CFI 过程和行动在识别和解决 CFI 事件方面的有效性。

相关单位应在管理体系中建立并实施对 CFI 的监督管理。监督可以包括评估、监视、调查、评价、趋势分析、监查等。监督应评估本单位预防和消除 CFI 问题过程中的充分性和有效性。监督过程应包括为设施执行工作的承包商，以及可以在设施中引入或安装 CFI 的承包商。监督过程可以评估下列领域：

①程序文件的充分性；

②实施的有效性；

③识别 CFI 问题的有效性；

④跟踪、监测和趋势化分析的有效性；

⑤预防、识别、解决和消除 CFI 问题的能力的总体有效性；

⑥资源配置（特别是供应商资质和验收）；

⑦现有 CFI 信息来源的使用；

⑧采购过程的完整性；

⑨监管接口；

⑩员工意识；

⑪工程参与情况；

⑫已安装 CFI 的标识；

⑬CFI 相关培训；

⑭CFI 的处置。

3.1.4　总体结论

对于行业而言，CFI 是一个日益严重的问题。核设施需要了解并制定程序以检测和报告存疑的 CFI。这些程序应根据需要向下传递到供应链的各个分包商中，并用于监视和评估供应链绩效。

通常，造假者会追随公认的高需求物项，最大限度地获取利润。核设施所关注的 CFI 看起来与初始物项几乎相同，但包含不合格、组装不良或老化的部件或材料。此类物项可能很难通过标准的质量保证检查被发现，但它们可能会导致灾难性故障或功能丧失。CFI 渗透到行业中也可能导致合法公司退出市场，并带来工作和收入上的损失。同时，核供应链需要交付真正产品的能力可能会下降，这可能会对设施的可靠性、经济性和安全性产生负面影响。

该报告提供了高层管理者和设施工作人员应采取的预防和控制措施，以有效保护其核设施防止引入和使用 CFI。这些预防和控制措施包括预防、识别、调查和处置、管理、监控以及信息共享和报告。

3.2　经合组织核能署

2011 年 6 月，OECD/NEA 的核监管活动委员会（CNRA）授权成立了一个工作组，研究如何通过最大限度地减少 NCFSI 的发生率来确定加强供应链完整性的措施。该工作组在学习 NCFSI 的国际经验，以及研究包括相关的运营经验工作组（WGOE）《运营经验报告：假冒、可疑和欺诈物项》[NEA/CNRA/R（2011）9] 和 2011 年 6 月 WGOE 和检查工作组（WGIP）联合会议纪要（来自国际运营经验反馈研讨会）的基础上，发布了最终报告《NCFSI 的监管》[NEA/CNRA/R（2012）7]（图 3-2）。报告主要内容概述如下。

（1）出现 NCFSI 的根源

主要包括核供应链出现大的变化（全球化）、经济压力增长、原先部件不可得、新材料新技术、核级部件需求激增、追求高利润。

（2）面临的挑战

主要包括 NCFSI 出现增长趋势；核电材料、零件和部件存在老化和过时；防控 NCFSI 法律标准不充分；NCFSI 意识与知识缺乏；造假的利润高；NCFSI 探测困难；缺乏有效监管监督；安全文化需加强。

另外，该报告在综合分析的基础上，从供应链管理、营运单位控制和监管部门角色分别提出了建议措施，具体如下。

（1）供应链管理

1）教育和培训

以此促使供应商和分供应商：①认识到 NCFSI 是一个严重的问题；②理解和遵守

核相关技术与质量要求；③成为智慧顾客或智慧供应商；④针对识别和预防 NCFSI 开展培训；⑤教育和培训转化为实践和程序。

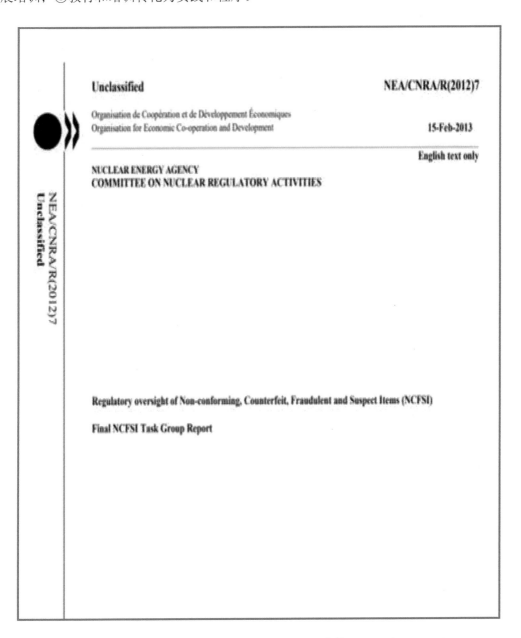

图 3-2　OECD/NEA《NCFSI 的监管》

2）知识管理

以此促使供应商和分供应商：①了解为什么要对 NCFSI 进行控制以及如何使用 NCFSI 控制措施；②在控制 NCFSI 方面与其他行业合作；③积极地获取和分享有关 NCFSI 的知识和经验。

（2）营运单位控制

1）采购与供应商管理

营运单位应当：①制定预防、探测、报告和处置 NCFSI 的程序；②加强对采购文件的控制；③规范开展供应商的选择和资格认可；④加强对供应商标书评估；⑤严格实施制造过程与收货前的验收和试验；⑥对已识别的 NCFSI 进行严格控制，防止误用。

2）采购后的识别、评估和处置（完成收货验收）

营运单位应当开展维修工作的控制和监督，积极实施可靠性和试验（监督）大纲等。

（3）监管机构

1）加强法规建设和管理，明确解决 NCSFI 问题

明确 NCFSI 的定义；制定防控 NCFSI 的详细要求（包括新的或替代零件的验证责任）；制定记录和报告 NCFSI 的统一标准；发布对供应商和分包商采用适当级别监督的指南；发布处置 NCFSI 的指南。

2）信息收集与共享

包括明确报告制度、开展国际合作等。

在该报告最后，NEA 给出以下主要结论：

— NCFSI 对核安全有严重威胁；

— 监管部门和营运单位需要了解 NCFSI 的性质；

— 营运单位质量保证体系需要增加额外控制措施应对 NCFSI；

— 监管部门考虑 NCSFI 对核安全的风险，审查和修订相应的监管要求；

— 信息交流应包括核工业以外的组织。

另外，对监管部门提出了应考虑 NCFSI 对当前监管要求的影响，在必要时修订，以及监管部门监督时应考虑 NCFSI 控制方面的措施等建议。

3.3　多国设计评价机制

2021 年，多国设计评价机制（MDEP）下的供应商监督合作工作组（VICWG）发布了《降低 CFSI 风险的共同立场》，就监管机构如何加强核电厂供应链的监督提出建议。

（1）违规信息和报告

监管框架应包含与核安全设备及其活动有关的 CFSI 报告准则，向监管机构提交报告的必要性和时间安排应与所发现问题的安全重要性相符。运行经验相关规定可作为另一种有效、既定的信息传播方法。此外，立法应明确规定保护举报人，至少在监管框架中有相关规定。

（2）检测及检测记录

目前没有明确将 CFSI 的检测整合到已批准的质量保证大纲中的监管要求。对于监管机构而言，全面审查并抽样核实适当的检测记录，可促进许可证持有者和供应商发现不符合项，也有助于发现造假问题。如果有行业管理的数据库，那么其中保存的信息是非常有用的资源，监管机构应能够访问和使用此类数据库。国际上的监管机构之间共享造假相关信息以及使用共同的数据库是首选。许可证持有者、供应商、分包商或第三方，直接执行用于材料和设备检测及检查的程序。一些国家强制要求对第三方检查人员和审核人员进行认证。

监管框架应认可并授权关键材料的长期保存，目前 RCC-M 和 ASME 等标准要求许可证持有者就记录的保留和重要材料的保存制定合适的规定。

（3）对许可证持有者、供应商或第三方的检查

监管机构应使用指导文件或检查工具来评估许可证持有者及供应商的安全文化，还应检查核电厂供应商的质量保证大纲，这是验证许可证持有者是否对其供应链进行充分监督的良好工具。

通常情况下，监管机构不要求许可证持有者识别易受造假影响的供应商或第三方。然而，我们强烈建议监管机构能够访问包含供应商信息的列表或数据库，关键是要确认

造假者的身份，这样才能充分评估他们对全球供应链的影响，并采取措施防止造假问题进一步扩散。

监管机构应根据国家特别制定的法规，对供应商开展检查，而检查范围应与设备的安全级别相匹配。一般来说，监管机构不对造假问题开展专门检查，但是举报的调查结果涉及安全重要因素时，应根据需要进行专门检查，或者将造假检查作为对供应商定期检查的一个子项。

监管机构在评估供应商的程序时，应当关注程序中是否包含针对员工培训、物项验收、监查、采购要求、"高风险"采购、有关 CFSI 的采购条款、CFSI 处置措施、信息报告和共享等方面的内容。由于造假问题与质量保证密切相关，通常情况下监督检查人员不接受造假方面的专门培训，而是接受质量保证培训。若预计会出现造假问题，则可以组成一个专门的小规模造假检查组。

（4）控制商品级物项在安全相关设备中的使用

监管机构应有一个可用的检查大纲，以便在安全相关设备上对许可证持有者或供应商所在地的商品级物项及相关活动进行抽样检查。监管机构应通过风险指引或确定论方法来选择检查地点。

（5）执法活动

由于许可证持有者经常处于造假问题的接收端，因此通常不处罚许可证持有者，除非他们在识别造假问题时玩忽职守。核安全监管机构可与国家司法机构合作，以便在调查造假时获得协助。监管机构应咨询司法机构，以获得关于处罚的指导，并依此确定恰当的处罚。司法机构可能对重大且故意的造假事件有类似的判罚经验。

3.4　世界核协会

世界核协会（WNA）供应链工作小组在 2019 年发布了《打击核供应链中的 CFSI》（图 3-3）。该报告描述了世界核工业所采取的步骤，以及 CFSI 渗透的市场背景和已知程度。该报告借鉴了 WNA 供应链工作组与成员公司（包括核电厂运营商、反应堆供应商、部件供应商和检验服务公司）协商会议的结果，协商会上讨论了他们在过去 5 年中为应对这一风险所采取的行动，以下是该报告部分内容的摘要。

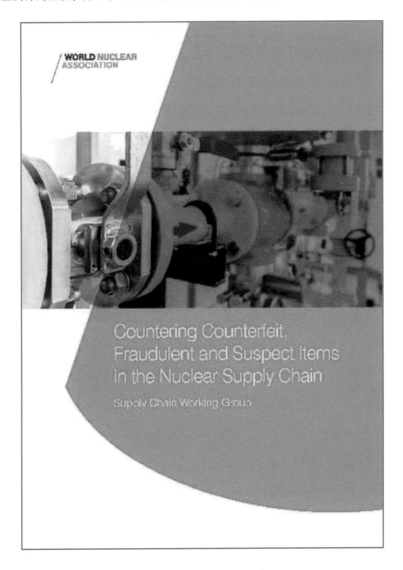

图 3-3　WNA《打击核供应链中的 CFSI》

　　民用核工业认识到 CFSI 渗透所造成的潜在危害，特别是渗透到核安全系统中的危害，并在必要时加强了采购、质量保证、安保和安装过程。在阻止和揭露不规范的生产和质量控制实践中，最重要的是加强组织的安全文化。一些典型欺诈行为就是通过向高级管理层或监管机构举报而曝光的。

WNA 的成员公司认识到，增强核电行业抗 CFSI 风险的能力符合他们的利益。近年来，他们为员工和供应商提供了预防和检测 CFSI 的培训，增强了第三方认证和检验机构对可疑物项和证书的探测意识和能力。

《打击核供应链中的 CFSI》中提出着重在以下 5 个方面加强对 CFSI 的管控：

①采购控制，包括 CFSI 的标准合同文本、CGD 物项减少中间商、第三方认证等；

②在质量保证体系中，增加专门 CFSI 问题防控措施；

③在设备系统的安装方面，作为建造阶段防止 CFSI 进入核设施的最后一道屏障，应当强化安装与维修人员的 CFSI 知识、经验和培训；

④建立报告系统和数据库，以能共享 CFSI 相关信息；

⑤在安全文化方面，提高全员防控 CFSI 的意识。

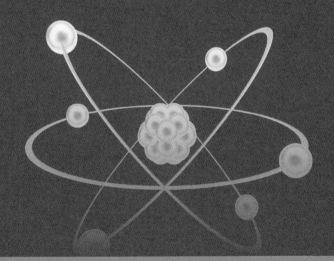

第 4 章

我国核电领域防造假经验研究

在我国现有的法律法规体系中，针对全社会范围内的弄虚作假行为已经制定了一系列的法律规章制度。我国核安全监管部门始终关注并且高度重视核电厂的违规造假行为，并采取了多项措施预防、处理核电厂出现的违规造假行为，包括在新修订的部门规章《核动力厂调试和运行安全规定》中，单独增加一节规定："2.2.2 营运单位应当建立防造假机制和制度，采取措施防止造假行为，并在质量保证大纲中落实，以防止假冒和欺诈物项和服务进入核动力厂。"另外，还在《核电厂质量保证大纲的格式和内容（试行）》中专门增加一章"14 防造假机制/制度"，要求核电厂营运单位以及为核电厂提供设备、工程和服务的单位，建立防造假机制/制度，防止假冒、欺诈和可疑的物项进入核电厂。同时发布了《关于进一步加强核电厂紧固件等大宗材料质量管理的通知》（国核安发〔2016〕195 号）、《关于通报近期供货代理商第三方检测报告造假事件的函》（国核安函〔2020〕61 号）、《关于进一步加强核电厂安全相关物项大宗材料质量管理的通知》（国核安函〔2021〕8 号）等管理文件，加强对 CFSI 的管理要求。具体相关规定见本章内容。

4.1　我国法律法规及相关管理要求

4.1.1　《中华人民共和国核安全法》的相关规定

第八十四条　违反本法规定，核设施营运单位或者核安全设备制造、安装、无损检验单位聘用未取得相应资格证书的人员从事与核设施安全专业技术有关的工作的，由国务院核安全监督管理部门责令改正，处十万元以上五十万元以下的罚款；拒不改正的，暂扣或者吊销许可证，对直接负责的主管人员和其他直接责任人员处二万元以上十万元以下的罚款。

4.1.2　《中华人民共和国刑法》的相关规定

第一百三十七条　【工程重大安全事故罪】建设单位、设计单位、施工单位、工程监理单位违反国家规定，降低工程质量标准，造成重大安全事故的，对直接责任人员，处五年以下有期徒刑或者拘役，并处罚金；后果特别严重的，处五年以上十年以下有期徒刑，并处罚金。

第一百四十条　【生产、销售伪劣产品罪】生产者、销售者在产品中掺杂、掺假，以假充真，以次充好或者以不合格产品冒充合格产品，销售金额五万元以上不满二十万元的，处二年以下有期徒刑或者拘役，并处或者单处销售金额百分之五十以上二倍以下罚金；销售金额二十万元以上不满五十万元的，处二年以上七年以下有期徒刑，并处销售金额百分之五十以上二倍以下罚金；销售金额五十万元以上不满二百万元的，处七年以上有期徒刑，并处销售金额百分之五十以上二倍以下罚金；销售金额二百万元以上的，处十五年有期徒刑或者无期徒刑，并处销售金额百分之五十以上二倍以下罚金或者没收财产。

第二百二十九条　【提供虚假证明文件罪】承担资产评估、验资、验证、会计、审计、法律服务、保荐、安全评价、环境影响评价、环境监测等职责的中介组织的人员故意提供虚假证明文件，情节严重的，处五年以下有期徒刑或者拘役，并处罚金；有下列情形之一的，处五年以上十年以下有期徒刑，并处罚金：

（一）提供与证券发行相关的虚假的资产评估、会计、审计、法律服务、保荐等证明文件，情节特别严重的；

（二）提供与重大资产交易相关的虚假的资产评估、会计、审计等证明文件，情节特别严重的；

（三）在涉及公共安全的重大工程、项目中提供虚假的安全评价、环境影响评价等证明文件，致使公共财产、国家和人民利益遭受特别重大损失的。

有前款行为，同时索取他人财物或者非法收受他人财物构成犯罪的，依照处罚较重的规定定罪处罚。

4.1.3　《检验检测机构监督管理办法》的相关规定

第十三条　检验检测机构不得出具不实检验检测报告。

检验检测机构出具的检验检测报告存在下列情形之一，并且数据、结果存在错误或者无法复核的，属于不实检验检测报告：

（一）样品的采集、标识、分发、流转、制备、保存、处置不符合标准等规定，存在样品污染、混淆、损毁、性状异常改变等情形的；

（二）使用未经检定或者校准的仪器、设备、设施的；

（三）违反国家有关强制性规定的检验检测规程或者方法的；

（四）未按照标准等规定传输、保存原始数据和报告的。

第十四条　检验检测机构不得出具虚假检验检测报告。

检验检测机构出具的检验检测报告存在下列情形之一的，属于虚假检验检测报告：

（一）未经检验检测的；

（二）伪造、变造原始数据、记录，或者未按照标准等规定采用原始数据、记录的；

（三）减少、遗漏或者变更标准等规定的应当检验检测的项目，或者改变关键检验检测条件的；

（四）调换检验检测样品或者改变其原有状态进行检验检测的；

（五）伪造检验检测机构公章或者检验检测专用章，或者伪造授权签字人签名或者签发时间的。

第二十六条　检验检测机构有下列情形之一的，法律、法规对撤销、吊销、取消检验检测资质或者证书等有行政处罚规定的，依照法律、法规的规定执行；法律、法规未作规定的，由县级以上市场监督管理部门责令限期改正，处 3 万元罚款：

（一）违反本办法第十三条规定，出具不实检验检测报告的；

（二）违反本办法第十四条规定，出具虚假检验检测报告的。

4.1.4　《中华人民共和国民用核设施安全监督管理条例》的相关规定

第二十一条　凡违反本条例的规定，有下列行为之一的，国家核安全局可依其情节轻重，给予警告、限期改进、停工或者停业整顿、吊销核安全许可证件的处罚：

（一）未经批准或违章从事核设施建造、运行、迁移、转让和退役的；

（二）谎报有关资料或事实，或无故拒绝监督的；

（三）无执照操纵或违章操纵的；

（四）拒绝执行强制性命令的。

4.1.5   《民用核安全设备监督管理条例》的相关规定

第十九条   禁止无许可证擅自从事或者不按照许可证规定的活动种类和范围从事民用核安全设备设计、制造、安装和无损检验活动。

禁止委托未取得相应许可证的单位进行民用核安全设备设计、制造、安装和无损检验活动。

禁止伪造、变造、转让许可证。

第四十七条   单位伪造、变造、转让许可证的，由国务院核安全监管部门收缴伪造、变造的许可证或者吊销许可证，处 10 万元以上 50 万元以下的罚款；有违法所得的，没收违法所得；对直接负责的主管人员和其他直接责任人员，处 2 万元以上 10 万元以下的罚款；构成违反治安管理行为的，由公安机关依法予以治安处罚；构成犯罪的，依法追究刑事责任。

第五十二条   民用核安全设备无损检验单位出具虚假无损检验结果报告的，由国务院核安全监管部门处 10 万元以上 50 万元以下的罚款，吊销许可证；有违法所得的，没收违法所得；对直接负责的主管人员和其他直接责任人员，处 2 万元以上 10 万元以下的罚款；构成犯罪的，依法追究刑事责任。

第五十八条   拒绝或者阻碍国务院核安全监管部门及其派出机构监督检查的，由国务院核安全监管部门责令限期改正；逾期不改正或者在接受监督检查时弄虚作假的，暂扣或者吊销许可证。

4.1.6   《核动力厂营运单位核安全报告规定》的相关规定

第十七条   核动力厂营运单位应当在取得运行许可证前，向国家核安全局报告下列建造事件：

··········
（八）在核电机组安全重要构筑物、系统和设备的采购、土建、安装和调试等活动中发现故意破坏、造假和欺骗情形的。

4.1.7　《核动力厂管理体系安全规定》的相关规定

第五条　鼓励任何单位和个人对核动力厂的安全隐患、违规操作、弄虚作假及其他影响安全的违法行为，向国务院核安全监督管理部门举报。

国务院核安全监督管理部门应当及时处理举报并对举报人的信息予以保密。对实名举报的，应当反馈处理结果等情况；查证属实的，可以对举报人给予奖励。

严禁举报人所在单位对举报人进行任何形式的压制和打击报复。

第三十三条　核动力厂营运单位应当明确违规操作和弄虚作假防控要求与措施，发现相关行为的，及时依法依规处理；审查验证为核动力厂物项或者服务提供检测的机构资质、合格证明文件或者记录等，保证其真实、完整、可追溯。

4.1.8　《核动力厂调试和运行安全规定》的相关规定

"2.2.2　营运单位应当建立防造假机制和制度，采取措施防止造假行为，并在质量保证大纲中落实，以防止假冒和欺诈物项和服务进入核动力厂。"

4.1.9　《关于加强核电工程建设质量管理的通知》的相关规定

2020 年 12 月 25 日，国家能源局、生态环境部联合发布《关于加强核电工程建设质量管理的通知》（国能发核电〔2020〕68 号），该通知有以下几个关于弄虚作假方面的要求：

"三、全面加强核电工程建设过程质量管理

（七）严格质量记录管理。各参建单位应保证合理的记录人员及资源投入，切实做到质量记录文件同实体工作同时完成。严禁'造数据、补记录、假报告'等违规行为，确保质量记录全面、及时、准确、有效。要明确记录编制、审核、批准等签字人员资质要求并认真执行，严禁冒签或无授权代签。"

"四、加强核安全文化建设

（三）建立预防和惩治工程质量造假制度。各参建单位要建立防造假制度，并采取制度震慑、技术防范、人员监督等措施预防工程质量造假。建设单位要牵头建立针对工程质量造假问题的举报渠道和处理程序。对组织实施和参与工程质量造假的单位和个人，坚持以'零容忍'态度严肃处理、依法依规问责，构成犯罪的，依法追究刑事责任，处理结果及时向有关部门报告。

国家能源局、国家核安全局将依据国家有关规定，加大监督惩戒力度，对核电工程质量造假问题发现一起、通报一起，将失信行为记入相关责任单位和责任人员信用记录，纳入全国信用信息共享平台，依法依规向社会公开并实施失信联合惩戒，视情节在一定期限内实施市场和行业禁入措施，直至永久逐出市场。"

4.1.10 《核电厂质量保证大纲的格式和内容（试行）》的相关规定

2020年12月，国家核安全局发布《核电厂质量保证大纲的格式和内容（试行）》（以下简称《格式和内容》），其中第14章"防造假机制/制度"要求：

"描述营运单位防止假冒和欺诈物项和服务进入核电厂，以及防止核电厂建造、运行过程中造假行为的防造假机制/制度，造假行为是指营运单位及其员工，供方及其员工等故意违反核安全法规、许可证条件、标准、程序和细则、合同等，以及故意提供不准确、不完整的信息记录等不当行为。防造假机制/制度至少包括（承诺）以下方面：

14.1 职责

明确建立防造假机制/制度的责任者，包括高层管理者及相关的部门。描述高层管理者制定的防造假政策，管理者向全体员工传达防造假政策的方式方法（如报告、会议等）。

14.2 防造假培训

描述营运单位在防造假方面开展的培训，包括一般员工培训，以及采购、现场施工、安装以及运行、维修等岗位的特定培训等。在防造假培训中，除了防造假措施和知识的培训外，还包括提高防造假意识的培训。

14.3　防造假措施

描述营运单位在采购、现场施工、安装以及运行、维修等过程中所采取的防造假措施，该措施与对应物项的安全重要性、复杂性、特殊性（即质保分级）相一致。至少描述以下方面：

（1）风险识别

承诺识别和确认采购、现场施工、安装以及运行、维修等过程中的造假的风险，并按照安全重要性、复杂性、特殊性等，对这些物项或活动的风险进行分级。列举所识别的高风险物项或活动，如隐蔽工程、焊接、无损检验、紧固件、电气试验等。

（2）过程管理

描述在风险识别的基础上，所采取的预防措施，适用时，至少包括以下方面：

a. 采购控制。描述采取的预防措施，如建立明确的采购要求、制定标准采购条款、传达营运单位对供方或分供方有关防造假的要求、制定处理供方假冒的政策、采用先进的产品防伪识别技术、制定报废和处置政策等。

描述对涉嫌假冒和欺诈物项的检验和验收试验。

b. 现场管理。描述采取的现场管理措施，如在建造现场进行管理者巡视、随机性检查，使用必要的监控和记录工具等。

（3）假冒和欺诈物项及造假行为的处理

描述对涉嫌假冒和欺诈物项及造假行为的处理流程，根据需要可包括：隔离可疑物项；记录；评估影响；通知相应的内部组织；收集信息；考虑向行业数据库报告初步调查结果；与适当的供方或分供方联系，以获取有关事件或任何正在进行的调查信息；采取措施，以确定物项是否真实；处置确认的假冒和欺诈物项；根据需要与核安全监管部门、行业主管部门、执法机构和其他适当机构分享经验教训和行动。

（4）跟踪、调查

承诺记录并跟踪可疑物项与行为，并适时向相关供方或分供方提供信息反馈。

描述在识别出假冒和欺诈物项及造假行为后开展的调查，并根据调查结果采取适当的纠正措施，以防止类似事件再次发生。

（5）监督调查和评价

描述对假冒和欺诈物项及造假行为的定期审查和评价方面的规定。

（6）造假问题举报制度

描述造假问题举报制度，鼓励所有与工程质量有关的人员参与防造假，明确举报渠道、举报奖励等措施，并对编制相应的管理程序及实施细则等文件做出安排。"

4.2　国家核安全局组织开展的防造假研究工作

近年来，国家核安全局为了从法理上明确核电厂相关的弄虚作假行为和处罚措施，确保核电厂的建造质量和运行安全，组织生态环境部核与辐射安全中心深入研究核电厂的弄虚作假案例，分析监管部门在处理弄虚作假案件中的难点，提出了修法建议。同时，为了进一步推进营运单位加强防造假工作，提高防造假工作的有效性，促进防造假经验的应用，国家核安全局还组织生态环境部核与辐射安全中心将国内外相关的弄虚作假案例汇编成册。此外，国家核安全局还组织各技术支持单位、院校开展了多维度的防造假相关研究工作，形成了一系列研究成果，部分成果列举如下。

4.2.1　《韩国和美国核电厂质量文件造假事件研究报告》（2015 年）

编制单位：核与辐射安全中心。该研究报告以 2012 年韩国水电和核电有限公司（Korea Hydro & Nuclear Power Company，KHNP）运营的核电厂发生的质量文件造假事件，以及美国核电厂发生的防火设备造假、假冒断路器和阀门等事件为例，描述了相关各方对事件的调查和处理过程。同时，结合国内近期发现的核电厂零部件质量文件造假事件，对该类问题产生的原因、调查处理方法、纠正和预防措施等进行了简要分析，以供监管决策者参考，以防止、识别和控制类似问题再次发生。

4.2.2　《国际核电行业违规造假防控研究报告》（2020 年）

编制单位：核与辐射安全中心。该研究报告针对国际核电违规造假防控情况开展专题研究，调研了美国、韩国等核电国家的 CFSI 防控措施，以及 IAEA、OECD/NEA 等国际组织的相关指导文件，从中总结了违规造假防控的有益措施和良好实践，结合当前阶段我国核电发展的新形势，提出了开展违规造假防控专项行动，制定违规造假防控政策、完善相关法规制度，构建全社会共同参与的信用打假平台，督促营运单位提升违规造假防范能力和扎实推进核安全文化建设等加强我国违规造假防控策略的建议。

4.2.3　《关于在〈核电厂质量保证大纲的格式和内容〉中补充核电厂防造假内容的调研报告》（2020 年）

编制单位：核与辐射安全中心。该调研报告主要调研了韩国和美国核电厂发生的质量造假事件以及相关各方对 CFSI 问题的分析和采取的措施。结合国内近期发现的核电厂零部件质量文件造假事件，对该类问题产生的原因、纠正和预防措施等进行简要介绍和分析。通过对国内外核电造假事件的分析和各方针对 CFSI 采取的行动来看，许可证持有者在防控 CFSI 方面应制定防控政策和制度、明确责任，提供资源，完善现有管理体系文件，开展教育培训，强化供应链管理，强化质量过程控制，鼓励"举报造假"。而现有质量保证体系在识别、控制和处理 CFSI 上还存在需要改进和加强的地方，作为质量保证体系重要部分的质量保证体系文件——《质量保证大纲》，有必要增加和明确有关控制 CFSI 的措施。

4.2.4　《美国对核工业造假行为监管法律制度项目研究报告》（2021 年）

编制单位：宁波大学。该研究报告对美国核工业造假行为进行了调研，认为核工业造假行为多样，如文件资料、资质、材料设备施工过程造假，以及数据造假和漏报瞒报；分析了核工业造假的类型和危害，这些行为不仅影响核设施项目建设的质量和成本，还威胁人员安全和环境，损害核安全文化，甚至影响国家安全。该报告对美国核工业造假行为的监管法律制度进行了详细介绍，包括美国核能监管的法律法规、监管机构的职责与流程，以及应对造假行为的实践措施，如建立假冒物项识别和处理的信息共享机制等。针对中国的核工业造假问题，报告列举了多个违规实例，并分析了造假行为产生的原因，如企业核安全文化缺失、质量与成本控制不力、管理体制和机制问题等。基于这些问题，报告提出了一系列对策建议，包括完善法律法规体系、优化监管体制和机制、建立健全核安全经验反馈制度等。

4.2.5　《有关近一年来我国核电厂违规造假行为的调研报告》（2021 年）

编制单位：核与辐射安全中心。该调研报告对 2020—2021 年国内核电厂发生的违规造假事件进行了收集和整理，其中包括违规事件 14 项，涉及未按程序要求对辐射防护红区作业进行审批、违规开箱检查进口民用核安全设备、未经批准擅自开展设计变更等；造假事件 8 项，涉及现场承包商施工记录文件造假、大宗材料质量证明书涉嫌造假、第三方检测数据造假等。该报告还对当前我国相关法律法规的相关要求进行了梳理，结合近几年颁布的相关管理要求，综合各核电厂的实践，在切实落实相关法律法规中规定的质量保证体系要求的前提下，提出明确营运单位防造假机制建立和实施的责任、进一步加强防造假要求的宣贯和落实、加强特定岗位人员的培训、进一步规范对假冒和欺诈物项和服务的处理和规范以及完善造假问题举报和惩奖制度等针对防造假控制的监管要求的建议。

4.2.6　《有关 NRC 发布的有关 CFSI 调查和审查报告的研究报告》（2022 年）

编制单位：核与辐射安全中心。该研究报告对 2022 年美国 NRC 发布的《关于核管理委员会对核电反应堆假冒、欺诈和可疑物项监督的监查》（OIG-22-A-06）以及《对运行核电厂中假冒、欺诈和可疑物项进行的特别调查》（OIG CASE 20-022）等两份报告进行了全面的梳理和分析。在 OIG 发起的、发送给 NRC 运行执行部门主任的监查报告中指出，NRC 尚缺乏一个收集、评估和传播潜在 CFSI 信息的流程且员工对 CFSI 的认识各不相同。OIG 的 IG 发送给 NRC 主席的特别调查报告中指出，NRC 可能低估了核电厂中 CFSI 的数量及其影响；在 NRC 的监管框架中存在一些潜在缺陷；在某些情况下，NRC 没有正确处理有关 CFSI 的举报或其他信息。通过对 NRC 发布的监查和调查报告的分析研究，结合我国核安全监管的现状，报告提出了明确造假/造假行为的定义；制定有关针对造假行为进行监管的核安全监督程序和细则；开展全员针对防造假的培训；成立包括核安全监管部门、核设施营运单位以及其他为核电厂提供设备、工程和服务的单位在内的防造假工作组和开发针对造假行为的数据库等监管建议。

4.2.7　《关于针对核电厂弄虚作假行为修法建议的研究报告》（2022 年）

编制单位：核与辐射安全中心。该研究报告对美国和韩国等核电国家针对核电弄虚作假行为的法律法规及监管要求进行了系统调研，以 NRC 为代表的监管机构采取积极主动的方法识别并预防 CFSI 问题，并通过采取持续监控和发布 CFSI 相关信息、提供解决措施和建议，对供应链管理的有效性进行重新评估、通过修订其核安全法等相关法案的方式，明确了针对 CFSI 特定的要求，包括向监管部门提供合同信息、如实报告不符合项、指定独立验证机构、扩大监管对象的范围等措施预防和控制 CFSI。该报告还对国内针对核电弄虚作假行为的法律法规进行了梳理，通过分析国内核行业弄虚作假行为，对我国目前针对核电行业的弄虚作假行为管控的现状和存在的问题进行了总结，并给出在修订我国相关法律法规方面的建议。

4.2.8　《核电厂安全质量重大事件案例集》（2022 年）

编制单位：核与辐射安全中心。在国家核安全局组织下，为了进一步推进营运单位加强防造假工作，提高防造假工作的有效性，促进防造假经验的应用，核与辐射安全中心将国内外相关的弄虚作假案例汇编成册，共收录 28 例典型的造假案例，其中国外案例 10 例、国内案例 18 例。案例集中对相关造假案例的基本信息、调查情况、原因分析和纠正措施进行了详细介绍，并印发给核电集团、股份公司、营运单位等用以开展防造假经验反馈和培训。

4.2.9   《核电厂安全质量重大事件案例专题报告》（2023 年）

编制单位：核与辐射安全中心。2023 年 5 月，国家核安全局组织召开核电领域防造假专题经验反馈集中分析会，针对核电领域防造假工作开展提出了一系列要求。为贯彻落实会议要求，国家核安全局组织生态环境部核与辐射安全中心对近期发生的核电厂相关弄虚作假案例及近年来国内其他行业领域出现的造假典型案例进行研究，形成了 2023 年度专题报告。该专题报告除收集和汇编了 2023 年核电厂造假案例 6 例外，还对近年来其他行业领域造假案例进行了收集和整理，对西安地铁"问题电缆"事件、港珠澳大桥混凝土检测报告造假事件、建筑工程质量检测报告造假事件以及废旧绝缘子翻新造假事件的基本情况、调查过程、处理措施等进行了详细介绍和分析，为核电领域开展防造假工作提供借鉴。

4.3   国家核安全局已开展的其他相关工作

2021 年，按生态环境部巡视组要求，核设施安全监管司发文给各核电营运单位，要求提供近两年的造假相关资料，并组织核与辐射安全中心进行分析研究。

2021 年，按生态环境部巡视组要求，核电安全监管司内部开展自 2015 年以来核电厂及研究堆发现的造假情况的梳理工作，并形成"2015 年以来违规造假相关材料清单"上报有关领导。

生态环境部（国家核安全局）、国家发展和改革委员会、国务院国有资产监督管理委员会、国家能源局、国家国防科技工业局共同协商，梳理各自职责范围内对造假失信行为的惩戒方式和执法情况，研究制定"核电领域造假失信联合惩戒工作机制"。

4.4   国内核电企业防造假相关措施

国内相关核电企业积极响应国家核安全局有关防造假要求，制定了一系列的相关措施，概况如下。

（1）坚持"两个零容忍"，旗帜鲜明反对质量造假

发布关于反对"弄虚作假"的立场声明和十大禁令，明确防造假态度和基本管理要求；研究制定防造假管理指南；相关举措固化并嵌入生产流程；签署产业链防造假联合声明等。

（2）坚持"高质量发展"，全面开展质量诚信评价

建立产业链质量诚信评价方法，在各核电集团招投标网站公布质量诚信评价结果。

（3）加强"合同约束"，通过商务手段促进落实主体责任

合同中明确"弄虚作假、违规操作"等质量底线、红线行为；明确供方的防造假主体责任和基本要求，并要求向分包商逐级传递。

（4）加强"过程控制"，严把产品质量控制关

明确原材料质量证明书、第三方检测报告等文件抽查比例和验证要求；对重要原材料（如紧固件、焊材、电缆、钢材等）明确复验的范围、比例和检验项目；关键工艺工序必要时引入独立第三方进行抽检，如探伤等。

（5）运用"技术工具"，辅助提升行为监管效果

通过视频监控、执法记录仪应用，人脸识别、质量电子化等技防手段，防止高风险作业质量过程的造假行为。

（6）鼓励"举报造假"，激励产业链广大从业人员

建立造假问题举报激励制度，明确问题举报范围、举报渠道、举报处理、举报奖励等规定，鼓励全员参与打假，定期开展工作交流与经验反馈，建立全行业联防联控机制。

另外，我国相关核电企业还积极采取行动，落实防控措施，以下为两则良好实践。

2019 年，为践行核安全文化要求，响应中广核施工产业链"两个零容忍"联合声明，共同抵制"违规操作、弄虚作假"行为，中广核相关企业陆续发布《弄虚作假十大禁令》《质量行为十大禁令》《建设施工质量十大禁令》和反对"弄虚作假行为"立场声明等，要求全体员工需切实承担核安全责任，共同建设诚信透明的核安全文化并持续完善造假防范机制，坚守质量底线，确保核安全。

　　2019 年 9 月，国核示范工程向全项目发布《国和一号示范工程防造假专项方案》，国核示范、睦诚监理以及上海核工程示范项目部共有 37 项防造假行动项。聚焦重点风险，针对当前管理中存在的薄弱环节，从坚持"两个零容忍"、加强"供应商管理"、加强"合同约束"、加强"过程控制"、运用"技术工具"、鼓励"举报造假"等方面进行防造假的全过程管理，推动形成"不敢造假、不能造假、不想造假"的长效机制。

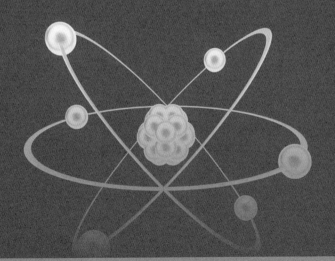

第 5 章

CFSI 的特性分析和
对策研究

前面是对国际及国内有关核电行业及非核行业 CFSI 相关资料的梳理，包括典型案例、研究成果、采取措施等方面，为了能够更好地借鉴国际经验，有必要对 CFSI 进行特性分析，在结合我国国情的基础上，开展对策研究。以下主要通过分析 CFSI "高风险"的物项领域、CFSI 出现的原因、现实挑战、对策研究等 4 个方面予以论述。

5.1 CFSI "高风险"的物项领域

核电领域防造假的目的，是防止 CFSI 进入核设施，因此对这些 CFSI 的防控，始终是重点关注的焦点。统计国内外核电行业出现过的 CFSI 可以看出，属于 CFSI "高风险"的物项领域有以下 10 个方面：

— 钢筋；

— 紧固件；

— 管道；

— 阀门；

— 断路器；

— 转动设备；

— 管配件；

— 电气设备；

— 压力容器；

— 水泥。

分析上述 CFSI "高风险"的物项领域特征，可以得出其分布特点：

核行业和其他行业具有高度相似性。美国建筑业研究院（CII）报告称，钢铁产品（板材、管道、紧固件和阀门）是最容易被仿冒的产品，其次是电气设备，最后是转动设备。美国电气制造商协会（NEMA）已经发现了假冒电子产品，其中包括电气管道配件、断路器、控制继电器、控制开关、电气连接器、插座、保险丝、高压避雷器和灯泡。EPRI 在其技术报告中记录了核能和其他工业造假的案例，其中一些导致了死亡。虽然在商业核电行业中并没有发现假冒事件大量增加，但是一般工业和核电行业有许多相同类型的部件，假冒事件大量增加引起了人们的关注和怀疑。而这些 CFSI 大多为采购数量多、分包层级多的物项。

从国外核行业看，由于大多国家允许商品级产品执行一定的程序和要求后可以用于替代核安全级设备（CGD 制度），CGD 相关的 CFSI 比较典型，占比较大。另外，从各国及相关机构的研究成果来看，国外更多关注具体物项问题。

从国内核行业看，核安全级物项（尤其是列入核安全设备名录的设备）造假案例较少，而紧固件、钢筋等大宗物项的造假较多。另外，由于核级焊缝的安全重要性，加上防城港安全壳钢衬里焊缝无损检测造假事件，因而造假行为在安装（焊接）和无损检测领域也受到关注。另外，通过对过去发生过的造假案例的不完全统计，国内核行业造假多数发生在质量证明文件（包括检验报告、资质证明等）、记录等方面，而物项本身假冒事件相对较少。

5.2   CFSI 出现的原因

供应链的全球化和新的制造技术使假冒产品的数量增加。在快速发展的地区，新的制造能力的增长和对低成本产品的需求，增加了 CFSI 进入全球供应链的数量。另外，随着新的可替换的零部件生产商（新来源）数量的增加，在不知情和毫无戒心的情况下供应商会在不知不觉中购买和使用不合标准或伪造的材料或零部件来制造更大的部件。另外，采购环节管控不严、物项验收和安装过程监督不力，以及人员的安全文化意识淡薄等，使得造假呈现多元化、多方面的特点。而究其原因可概况为以下 3 个方面。

（1）根本原因

1）经济利益驱动

经济利益驱动是最主要的因素，相较于正规的生产厂家，造假者可以在低于成本价的情况下谋取高额利润，而无须承担产品研发、材料选择、工艺试验、前期投资、许可申请、市场开发等环节的费用。这是所有造假的主要动力，是主动行为。

2）工期进度压力

在诸如紧急采购或紧急物项（特别是零部件）更换等工程进度压力的情况下，如果按照以往采购的流程，可能会耽误很长的工期；或者出于交货时间考虑，某些检验或试验项目被放弃等，导致这些被动式的造假行为的产生。

3）投资成本控制及竞争压力

随着市场经济的快速发展，人员成本不断提高，同行之间竞争压力逐渐增大，各单位往往采取控制投资成本的方式来应对。而控制成本的结果往往是单位时间内人员减少或是单位时间内人员承担任务量增加，这就使得为了完成任务目标而促使人员造假（伪造记录等）的概率大大增加。

4）问责链条不够清晰、完整、公开

我国现行核安全规范标准中，没有针对造假的相关规定和要求，已有的核安全相关法律法规中，虽然有关于违章操作相关处罚要求，但没有针对问责造假责任的规定，这也造成不同监管单位对问责造假的方式方法乃至处罚要求不一致。

5）安全（质量）文化薄弱

"安全第一、质量第一"是我国核电发展的生命线，而部分核行业从业单位仅将其当成口号，安全质量文化薄弱，具体表现在防造假的意识、敏感度和制度建设等方面不足。核行业从业单位的人员尤其是高层管理者的安全文化意识、质量安全意识与法律意识等都不强，心存侥幸，对造假后果的严重性和危害性认识不充分。核电企业的安全文化和质量文化建设需要进一步强化。

（2）外部因素

随着市场需求的激增，原有核电供应商的生产显现出不足，为了满足建设需要，新的供应商不断加入，而相较于原有核电供应商，这些新供应商的核安全意识、质保观念还是有一定差距的。另外，随着公开市场采购量的增加，越来越多的中间供应商出现在供应链中。还有，出现了新的技术或标准，制造商的库存可能将新的产品与库存的老产品的标准混淆，或者供应商故意提供不符合新标准的老产品，加上没有新的检测手段，从而蒙混过关。

此外，随着我国核电机组不断增多，从业人员"稀释现象"严重，特别是一线工人流失现象严重（主要是工资水平不高导致的），熟练工人相对不足。

除此之外，虽然相关单位已经制定了有关防止和惩治造假、欺骗等行为的法律，但是由于其涉及的范围太广，加上供应商的隐瞒以及供货渠道的多样化，很难识别出哪个环节进行了造假。

（3）技术因素

造假除了上述根本原因和外部因素之外，还存在以下技术因素。

质量保证体系的有效性不足，体系规定与实际情况存在"两张皮"的现象，特别是其中所论述的职责不够清晰明确等。

过程管理不善，包括采购要求定义不清，采购程序不完善；验证方法或标准不够充分，存在难以验证或未验证的情况。

存在供应链过长、未经验证的单一来源、灰色地带等现象，导致供应商管理不善。

人员培训不到位，尤其是特殊岗位人员技能和意识的培训，不能使其完全胜任相应的工作任务。

5.3　现实挑战

工程人员和采购人员面临越来越多的 CFSI 被引入供应链的挑战。这些挑战可能来自原始制造商不再提供的产品，或者制造商不再愿意支持某些产品所需的严格测试和质量证明文件或材料认证流程。因为没有符合核级标准的物项，工程和采购人员经常依赖于商品级（非核级）物项。这些条件非常适合那些有意提供 CFSI 以增加其利润率的供应商。面对越来越复杂的形势，目前我们所面临的现实挑战大致可以归纳为以下两个方面。

（1）利益相关者（包括决策者和普通公众）对核安全的关注以及对核安全监管机构的期望

由于核安全的极端敏感性，包括核电厂在内的核设施一旦发现造假问题，无论其是否属于核安全相关设备或活动，都会引起社会高度关注。公众乃至一些决策者本来就难以识别分辨造假问题是否属于核安全相关，因此，在对此类问题进行回应时，监管机构面临着直接压力。NRC 发生的两次内部监查风波就是这种势态的具体体现。因此，监管机构有必要结合监管环境对相关问题进行具有自洽性的系统化的解释，并赋予相应的监管措施和工具。

（2）监管定位

虽然在与安全相关的系统中安装假冒物项所带来的严重影响是显而易见的，但造假事件并不一定要涉及与安全相关的设备才会导致严重后果，有些造假行为性质可能非常恶劣。这些造假行为管控不严，即使是非核安全物项，也能体现出核电厂在质量保证和管理体系上存在不足。对于这类具体物项处理，监管机构未必需要直接监管，但是对其反映出的体系性问题，还应予以一定程度关注。更何况，我国目前按照许可管理的核安全设备和核安全级设备（或核安全相关设备）在内涵上并不一致，因而在认识和实践上都存在一些待澄清的事项。

5.4　对策研究

法治体系对一个国家至关重要，同样的道理，一个行业的兴衰，法治体系也起到同等重要的作用。而核行业防造假也需要法治体系。以下从立法、执法、司法、守法等 4 个方面开展防造假对策研究。

（1）科学立法（释法）

基于以上章节的分析论证，在立法方面应当包括：①明确责任，制定处罚措施（包括罚则、停顿禁业等）；②明确报告制度；③鼓励举报（改变发现方式）并要保护好举报人；④充分利用已有的刑法与行政法，做好立法、司法和法理解释。

（2）严格执法

所立的法是否有效，关键在于执行，因此应当严格执法，具体包括明确要求、严谨程序、严格处罚、通报宣传等。

（3）公正司法

除了监管机构本身制定处罚措施之外，还应当与非核行业管理部门合作，做到信息共享和线索移交；打通与司法部门的合作，必要时将造假者移交司法机关处理。

（4）全民守法

为了促进整个行业（包括核行业和供应商、个人和组织以及监管机构在内的各方）更好地遵守法律法规，包括营运单位、供应商、监管机构在内的个人和组织都应当采用培训和宣贯的手段，广泛开展安全文化培育外，还要进行错误文化纠偏。

5.5　建　议

造假物项涉及核安全和非核安全物项，而以往我国核安全监管范围聚焦在核安全相关物项和活动。通过以上国内外情况梳理、研究成果和措施的归纳总结、原因分析、对策研究，以及在充分借鉴国际经验的基础上，主要从责任主体（包括供应商、营运单位以及监管机构）、防造假的应用环节（预防、识别、处理、培训和宣贯、信息共享）以及具体措施等方面提出监管建议。

5.5.1　防造假责任主体

（1）供应商

作为造假物项进入核设施的关键主体，对供应商的管控应当加强，主要包括以下 5 个方面：

①按照《中华人民共和国核安全法》的规定，明确其应当承担的核安全相应责任；

②通过质保监查、监督检查等方式，促使其有效实施质量保证体系或管理体系；

③加强供应商所提供物项的全过程质量控制；

④采取切实措施，使其能够理解和遵守核相关技术与质量要求；

⑤督促并加强培训，提高其识别和预防 CFSI 造假行为的意识。

（2）营运单位

营运单位应当切实承担起核设施的核安全全面责任，在防造假方面主要包括以下 4 个方面：

①明确落实主体责任（核安全全面责任）；

②督促其供方及分供方建立防造假机制/制度，包括预防、识别、处理、报告 CFSI 的程序制度，并与质量保证体系有效结合；

③加强采购控制，强化供应链管理，包括采购文件要求、供方选择和评价、物项和服务验收等，并将相关要求有效传递到供方、分供方；

④强化过程监督，做好事前、事中、事后检查，配备足够、合格、有资质的检查和试验人员，对易出现问题的大宗物项采购进行抽样检查。

对于上述供应商和营运单位（代表工业界），应当加强全行业政策法规宣贯、信息共享和技能培训，尤其是特定岗位人员培训，提升主动防造假意识，提高安全文化和质量文化。

（3）监管机构

考虑到造假行为主观故意的性质极为恶劣且易受外部关注，可考虑充实相关监管制度和措施，厘清相关工作程序，聚焦核安全相关设备和活动，明确监管机构职责。具体建议主要包括以下 3 个方面：

1）监管范围

首先要明确 CFSI 的定义，并且界定其是否属于监管范围，可分为安全级、非安全级（包括安全重要的非安全级、有特定要求的非安全级等）、大宗材料等。其次要充分考虑到国内外设备监管制度的不同，我国对核设施营运单位和核安全设备活动单位均实行许可管理，而在防造假机制中也需要考虑两个主体的责任区别和针对性要求。

2）监管阈值

充分评价 CFSI 的严重程度是否达到了监管机构直接响应的阈值，为此需要制定报告制度，明确报告的准则和格式内容；制定处罚准则，并且明确自由裁量权范围。

3）监管环境

目前，《中华人民共和国刑法》对假冒伪劣等造假行为有相应的规定，但在相关行政法中，如《中华人民共和国核安全法》《中华人民共和国放射性污染防治法》等，缺少针对性的行政处罚措施。例如，在防城港安全壳钢衬里焊缝无损检测造假事件的处理过程中，由于《中华人民共和国核安全法》中没有针对造假处罚的相关条款，只能以"未建立或者未实施质量保证体系的"角度，对相关单位予以处罚。为此，监管机构应从法治的角度采取行动：①推动完善相关法律制度。在核安全法律法规和规范性文件中明确针对弄虚作假行为定义、判定准则以及行政处罚要求或措施。进一步明确针对弄虚作假行为相关方的责任。②持续严格依法执法。监管机构要加大执法力度，提高行为人弄虚作假的成本，充分发挥法律的教育作用、强制作用。与质量、工程等行政主管部门加强沟通、协调与合作，强化核安全领域行政执法的部门联动。

5.5.2　防造假的应对环节

通过对国际经验的梳理和总结可以看出，防造假的应对环节基本一致，以下主要是给工业界提出的防造假的应对环节。

（1）预防

该环节主要包括明确各层级责任、建立防造假机制、工程参与、过程监督（采购）以及防造假技术（人防、技防等）利用。

（2）识别

该环节主要包括发现造假物项或服务时的标识、隔离，在检查和试验（收货检查、安装前检查、安装后试验等）环节，加强探测手段和能力，以及必要时的第三方复验。

（3）处理

该环节主要包括造假物项或服务不同于一般的不符合项，因此需要制定专门处理程序，还需要对其进行分析论证（评估影响）以及必要时的性能测试。另外，还需要制定预防措施防止重复发生，以及调查相关信息，以评估其影响。

除此之外，还有两方面的内容贯穿上述三个环节，一是培训和宣贯；二是信息共享，必要时报告。

5.5.3　具体措施

在充分吸取国际同行和国内其他行业经验的基础上，结合我国目前的核电形势和监管制度，提出以下两方面防造假的具体措施。

（1）措施一：在现有框架下具体化造假行为相关要求

①制定报告制度。包括报告准则、格式内容，并且针对不同级别物项或服务，采取分级分类的管控要求。该报告制度主要是针对营运单位和设备活动单位的。

②建立包括监管机构、监管对象以及其他行业主管部门在内的信息收集和共享机制。

③在管理体系和质量保证的相关规范中，提出具体要求。

④对现有法律（包括刑法、相关许可法）进行解读，统一对造假行为监管制度理解和认识，严格处理处罚具体案例，寻求与司法部门的有效合作，通过广泛培训和宣贯，提升全民守法意识。

（2）措施二：研究制定针对造假行为的专门制度

①制定详细的针对营运单位及其供应商防造假工作的监管要求，包括过程管理、报告制度及培训宣传等方面；

②制修订部门规章、监管机构政策性文件或内部工作程序，这是培训和监管工作的基础；

③在法律法规（如《中华人民共和国核安全法》《中华人民共和国民用核设施安全监督管理条例》等）修订时，考虑纳入造假行为的监管要求和罚则。

附

录

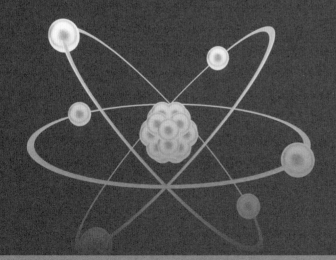

附录一 核电领域造假典型案例

案例1：韩国核电厂质量文件造假事件

一、事件描述

2012年10月，韩国水电和核电有限公司（Korea Hydro & Nuclear Power Company，KHNP）发现其运营的核电厂存在假冒、欺诈和可疑物项（CFSI）问题，同年年底，KHNP完成了对商品级认证（CGD）质量文件的全范围调查。

KHNP在调查中发现，国内实验室委托国外实验室进行控制电缆的冷却剂丧失事故（LOCA）试验，之后对压力条件和试验结果进行修改和伪造，如图1所示。2013年1月，KHNP开始对试验报告进行全面调查。

2013年4月26日，韩国核安全与安保委员会（NSSC）在其官网上接到在建的新古里3号、4号机组伪造安全相关电缆文件造假的投诉，随后对新古里3号、4号机组，以及安装相同电缆的新古里1号、2号机组和新月城1号、2号机组的试验报告和相关文件进行审查。

调查结果表明：新古里3号、4号机组部分试验报告属于伪造；新古里1号、2号机组和新月城1号、2号机组不仅修改了试验图，试验结果也属于伪造；境内试验机构修改了海外试验机构给出的试验记录。

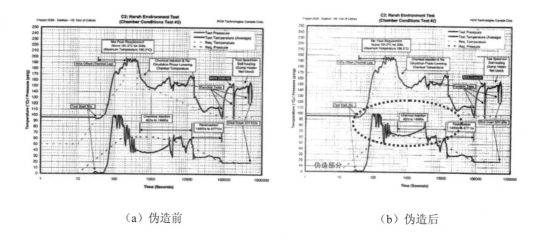

（a）伪造前　　　　　　　　　　　　　（b）伪造后

图 1　伪造前后的控制电缆 LOCA 试验曲线

　　经过对新古里 1 号、2 号机组和新月城 1 号、2 号机组安装的控制电缆的安全分析和评价，结果显示：核事故发生时，无法保证控制电缆的性能。于是 NSSC 要求 KHNP 立即停运新古里 2 号机组和新月城 1 号机组，直到所有不合格部件均更换为合格部件为止，两台机组于 2013 年 5 月 29 日停堆。新古里 1 号机组于 2013 年 4 月 8 日开始停堆大修，同时需要更换控制电缆，投运时间随之推迟。新月城 2 号机组正在申请运行许可证，在取证之前需更换控制电缆。对新古里 3 号、4 号机组将根据安全评价报告采取进一步行动。NSSC 将根据控制电缆性能试验结果判断新古里 1 号、2 号机组和新月城 1 号机组能否重启运行，并考虑让专家和民众参与控制电缆的更换过程和性能试验过程。

　　2013 年 11 月 18 日，NSSC 确认新古里 1 号、2 号机组和新月城 1 号、2 号机组控制电缆质量达标。2014 年 1 月初，在 NSSC 许可下，新古里 1 号、2 号机组和新月城 1 号机组重新启动运行。2014 年 11 月 13 日，NSSC 向 KHNP 颁发了新月城 2 号机组的运行许可证，该机组计划 2015 年年底投入商业运行。

二、原因分析

　　针对此次事件，KHNP 所做的调查包括境内和境外两个方面。

（一）境内试验报告的调查

1．调查范围

运行机组：对 2003 年 1 月 1 日—2013 年 12 月 31 日所有安全相关物项的试验报告进行调查；在建机组：对所有安全相关物项进行调查。调查的重点是核查试验报告是否由授权部门颁发。

2．调查步骤

本次调查分三步进行：

（1）编制试验报告清单并确定发布单位；

（2）直接走访发布单位，将试验报告与原始报告进行对比；

（3）如果确认报告属于伪造，更换现有物项或对物项进行安全评价。通过再次试验若证明满足要求，则照用；对不可追溯的情形，根据伪造的具体情况采取适当的行动。

3．调查结果

试验报告的调查结果表明，运行机组存在 247 项伪造事件，占总调查项目的 1.1%；在建机组存在 1978 项伪造事件，占总调查项目的 0.9%。设备鉴定报告的调查结果表明，正在调查的 28 台机组中，存在 62 项伪造事件，占总调查项目的 2.3%。

（二）境外试验报告的调查

1．调查范围

2008—2013 年，23 台运行机组近 6 年从海外采购的安全相关物项，以及包括新古里 1 号、2 号机组和新月城 1 号机组在内的 8 台在建机组在建造期间采购的安全相关物项。

2．调查方法

与国内调查类似。主要通过发邮件、打电话或实地走访等方式与试验报告颁发机构进行联系。调查涉及运行机组的约 61000 份试验报告，近 40 个国家的 2100 家试验单位；涉及在建机组的 43705 份试验报告，46 个国家的 2694 家试验单位。

KHNP 调查得出的供应商伪造质量文件事件调查结果汇总见表 1。

表1 供应商伪造质量文件事件调查结果汇总

范围	伪造内容	物项
商业级认证（CGD）	伪造授权机构颁发的质量证书	蜂鸣器、二极管、变压器 电源、开关、保险丝 继电器、整流器、电磁接触器 压力计、鼓风机
质量验证文件（QVD）	使用过期证书 颁发伪造证书 更改试验结果	滑轮、风扇、发动机 泵、套管、螺母、螺栓 加热器、工具箱 环、套管、制动器 滤膜、阀门片 角、轴
设备鉴定（EQ）	更改试验结果 改变试验条件（硼酸-普通水） 供应商更改试验报告	非能动氢气复合器（PAR） 控制开关模块 控制棒位置变送器 辐射监测传感器 空调机组（AHU） 600V 控制电缆 燃料池

（1）伪造试验报告的典型方式

①使用过期报告（105项）；

②随意发布试验报告（71项）；

③修改测试结果（66项）；

④其他（5项）。

（2）伪造设备鉴定报告的典型方式

①修改试验结果图（29项）；

②采用不同试验条件（如硼酸水换为普通水，19项）；

③供应商伪造设备鉴定机构的报告（8项）；

④供应商伪造自身的设备鉴定报告（5 项）；

⑤其他（1 项）。

通过调查并对调查结果进行分析研究后，KHNP 认为产生上述事件的原因主要包括：试图满足严格的交货进度要求或避免复杂的程序、缺乏核工业的安全意识和自我监督、缺乏对质量文件重要性的认识、KHNP 的采购和管理过程存在缺陷和漏洞。

除此之外，通过分析整个事件的发生和后续调查结果可以发现，在核电零部件采购的流程当中，出现了一个完整的腐败造假链条，即零部件供货企业、零部件检验机构以及零部件检验报告的审核机构共同策划伪造质量检测报告。

而韩国的监管机构对 CFSI 认识不足，导致在监管上准备不够充分，缺乏管理经验，忽视了国际上其他国家或地区发生的案例及警示信号。对于完整的设备供应链监管介入较少，整体监管较为松懈；对于安全文化关注不足，忽略了某些对安全问题和质量问题有消极影响的市场行为，如低价中标现象。

三、纠正措施

KHNP 针对此次事件采取了以下纠正措施。

（一）改进采购控制和质量保证体系

成立并运行集成的采购组织，负责总部及核电厂的物项和服务采购；建立并运行多层次的监督体系，由质量保证（QA）部门监督采购组织，由监查部门监督 QA 部门和采购组织的所有活动；开发设备/材料质量跟踪信息系统，对其储存、移交、使用和处置的全过程进行跟踪管理，利用移动通信技术、挂标签、质量记录编码等提高待处置材料的可追溯性；聘用外部专家作为采购部门和 QA 部门的主管。

（二）加强对造假供应商取消资质的管理力度

对造假供应商，取消资格的期限由原来的 1 年延长至 10 年，并向相关的执法部门举报。

（三）加强对试验报告的审查和确认

试验报告发布单位向 KHNP 提供试验结果，用于在接收检查时对比原件和复印件，以确认是否造假；利用数字化质量记录编码系统登记试验结果。

（四）加强对 CFSI 的制造监督和接收检查

在制造过程及最终检查签字放行前，由承包商和 KHNP 进行 CFSI 验证；在接收检查时，由试验单位对试验报告的原件和复印件进行比对。

（五）对国内商业级物项专业机构进行登记注册

调查供货商的商业级物项并纳入 KHNP 的合格供方名录，由第三方对 CGD 专业机构进行质量验证。

此外，KHNP 计划采取的措施还包括强化采购合同要求，加强承包商自我验证，以及要求承包商提交自我验证的基础文件和证书。改进 KHNP 自我验证过程，对涉及海外单位的情形，在接收检查的前后采取不同的验证方式，同时监管部门执行更严格的监管。在 KHNP 质量保证办公室内增设核质量验证中心，已到岗 10 名工作人员，另外还要聘用 8 名专家。

针对此次事件，韩国核电行业主管部门——韩国商业、工业和能源部（MOCIE）采取了以下几个方面的措施：

（一）引入最高评估招标系统

强化安全相关物项供应商技术能力评价准则，对供货商的实际技术能力和质量保证能力进行严格筛查。

（二）建立第三方质量保证监督过程

由第三方机构在物项移交前和移交后两个环节，对提交的核电厂质量文件和试验报告的真实性进行验证。

（三）优化试验和验证费用支付方式

设备鉴定试验和验证费用原来由制造厂支付给试验单位，现改由 KHNP 直接支付，阻断制造厂和试验单位之间的潜在腐败链条。

（四）加强 KHNP 内部的自我验证

2013 年 12 月完成机构重组，成立核质量验证中心；制定行动计划，执行严格的内部验证功能，并支持第三方机构的验证；对在建和运行核电厂相关单位（KHNP、Kepco

工程建设公司、制造厂和供货商等），设立质量验证文件（QVD）、设备鉴定（EQ）和商业级认证（CGD）的审查职能。

（五）加强行业自律

对运行核电厂，由营运单位 KHNP 负责 QVD/EQ/CGD 的 QA 见证和审查；对新建核电厂的主设备和辅助设备，由营运单位 KHNP 负责 QVD/EQ/CGD 的 QA 见证/审查，由 Kepco 工程建设公司负责 EQ/CGD 的技术见证和技术审查。

四、经验反馈

NSSC 针对本次事件采取了以下几个方面的措施，以便及时警示和加强监管。

（1）及时发布监管条例

在收到一系列匿名报告之后采取必要行动；许可证持有者要检查供货商提交的所有相关质量验证文件；监管条例面向所有在建和运行电厂。

（2）复核持照者检查的结果

对许可证持有者收集的质量验证文件进行抽样，开展独立核查。

（3）核准纠正措施

针对伪造或不可溯源的质量验证文件的物项，复核许可证持有者的性能评价、可操作性确认及纠正措施。

（4）鼓励匿名举报

在监管体制内设立"核安全监察专员"；法律条款中应有针对举报行为的相关激励机制。

（5）加强对核电厂造假、欺骗和可疑物项以及核能产业供应链的监管

在许可证持有者和供应商的考察程序中纳入对核电厂造假、欺骗和可疑物项的考察；监管引入"供应商检查"和"违规通告"制度。

（6）培育与发展核安全文化

在许可证持有者和供应商的评价程序中纳入对核安全文化的评价；编制相应的监管导则或监督手册。

（7）深化国际合作

利用 MDEP 的平台，开展有益的双边合作。

五、其他说明事项

由此次事件引发了韩国核电腐败窝案,韩国政府下令严查,时任总统朴槿惠要求"务必对此次事件进行迅速、彻底地调查,从根源上断绝核电领域的腐败链条结构"。

2013 年 10 月 10 日,韩国召开新闻发布会,公布案件最终调查结果。在对正在运行的 20 台核电机组的 2.2 万份质量保证文件的调查中,发现 277 份文件属于伪造。对正在建设的 5 台核电机组和停运的 3 座核电机组共 27.5 万份文件中的 21.8 万份文件调查,发现 2010 份文件属于伪造。截至 2013 年 9 月底,涉嫌伪造质量保证文件的发货商、供货商和验证机构负责人 60 人,涉嫌非法签署供货合同的 35 人,以及包括受贿的韩国电力公司副社长在内的 5 人,共计 100 人被起诉。

案例 2：美国核电厂断路器翻新造假事件

一、事件描述

1988 年 7 月 8 日,NRC 在信息通知《许可证持有者报告有缺陷的翻新断路器》及其补充报告中通报了一起断路器翻新的缺陷事件。

NRC 收到太平洋燃气电力（PG&E）公司的通知,称其与某分销商签订了一份关于 30 个由美商实快电力（Square-D）公司制造的非安全相关模制管壳 KHL 36125 型断路器（CBs）的订单,用于核电厂非安全相关设备,该分销商继而又将订单分给了一家当地供应商,该供应商以最低价中标并承诺以最快的速度交付,这批断路器在未通过分销商验收的情况下直接交付到了核电厂。知道了该采购订单的 Square-D 公司,对其未能收到这份独特的老式 KHL 36125 型 CBs 的订单表示质疑。在 PG&E 的许可下,Square-D

公司对这些断路器进行了详细的测试和检查，确定断路器是翻新的，而不是新的。

二、原因分析

NRC 对该事件进行详细调查后，通报了 5 家参与断路器翻新的企业名称，以及可能受到影响的客户企业名单。虽然这5家电气供应商提供的电气设备绝大部分为商品级，但也有个别用于安全相关的地方。NRC 指出这些翻新断路器会以其他公司的名义进行售卖，并通报了被仿冒的原制造商企业名称。

此后，NRC 对选定的断路器经销商和涉嫌销售使用过或翻新过的断路器的公司进行了后续检查和调查，在调查中，发现了另一起断路器翻新事件，也是通过分销再分销的形式购买，并且存在制造商评级标签和美国保险商试验所（UL）标志造假。

三、纠正措施/经验反馈

从该起事件中可以发现，分销/分包、低价中标和交货期短等是造假发生的关键要素。NRC 提醒许可证持有者，应确保采购物项符合相关规范标准，并达到预期的应用。许可证持有者应审慎考虑是否需要向其授权的经销商查询和核实采购材料、设备和部件的来源。许可证持有者可以通过有效地实施 QA 大纲来满足这些要求，特别是在供应商评价、供应商监管、收货检查、台架试验和安装后试验等方面。

案例 3：美国核电厂假冒阀门事件

一、事件描述

1988 年 7 月 12 日，NRC 在信息通知《许可证持有者报告有缺陷的翻新阀门》及其补充报告中通报一起假冒阀门的缺陷事件。

1988 年 4 月，太平洋燃气电力（PG&E）公司向 NRC 报告了代阿布洛峡谷（Diablo

Canyon）电厂沃格特（Vogt）2 英寸（1 英寸=2.54 cm）阀门的潜在问题，该阀门在阀盖和阀杆周围出现过多的蒸汽泄漏。根据 PG&E 公司的说法，这些阀门是 1986 年 5 月从当地（美国西部）一家供应公司购买的，安装在与安全无关的地方。

二、原因分析

PG&E 公司报告称，这些阀门虽然是新供应的，但实际上是从华盛顿温哥华的一家阀门回收供应公司（以下简称供应公司）运来的。Vogt 检查了这些阀门，确定该阀门不是 Vogt 制造的，也不是翻新的，而是假冒的。一个明显的差异是该阀门为方形法兰，而 Vogt 制造的所有阀门都是圆形法兰。

根据与 Vogt 代表的讨论内容，这些阀门是全流道设计的，即阀门端口的大小与管道内径尺寸相同，不适合作为安全相关应用的替代阀门。为安全相关用途设计和销售的 Vogt 阀门是标准端口设计，也就是说，阀门端口比管道内径略小。

三、纠正措施

NRC 对供应公司进行了两次检查，包括他们的设备、采购和销售记录。检查结果是供应公司为阀门销售公司提供新的、过剩的、翻新的和改进的阀门，这些阀门又直接销售给核电厂和其他行业。NRC 检查小组审查了大量供应公司的记录，包括供应公司使用的各个船运公司的阀门订单包装和提货单，并在供应公司发票上发现了许多不一致之处。NRC 在补充报告中列举了 9 条被用于核电厂安全和非安全相关地方的阀门信息，以供许可证持有者进行自我审查。

NRC 还指出，这些阀门在被用于核电厂之前，可以通过至少两道或更多道的检查程序来发现问题。这充分说明许可证持有者在采购监管和验证方面存在不足。NRC 再次强调许可证持有者有责任确保，在安全相关和非安全相关的部件和材料的采购活动中要给予与其重要性相称的关注度。如果对阀门的来源进行了充分审查，就会发现这个问题，也就不会安装回收阀门。建立和验证采购设备和材料的原始设备制造商的可追溯性通常是有效验收和投入调试的重要前提。许可证持有者对所采购设备的原始制造商的可追溯性核查不足，因此导致安装了翻新的设备。

四、其他说明事项

NRC 在 1992 年通报了该事件的诉讼结果。NRC 将事件提交给司法部处理后，司法部进行了刑事调查，并根据《美国法典》第 18 卷"罪行和刑事诉讼"获得了联邦大陪审团对供应公司总裁和供应公司的起诉书。1992 年 1 月 17 日，供应公司总裁和供应公司承认他们出售假冒阀门，这些阀门最终安装在迪亚波罗峡谷核电厂、沃戈托核电厂和位于弗吉尼亚州的美国海军陆战队军事基地。这一重罪判决导致供应公司总裁被判 3 年监禁，并向 NRC 的许可证持有者支付 213825.03 美元的赔偿金。

案例 4：美国核电厂虚假紧固件事件

一、事件描述

1987 年 11 月 6 日，NRC 向所有核动力反应堆的运行许可证或建造许可证持有者发布了 IN87-02 号公告，以确认伪造的紧固件在核工业中是否受到关注。公告要求收件人确定其设施中使用的紧固件的化学成分和机械性能是否符合规定。采购文件中表明，本次样检了典型的螺柱、螺栓、帽螺钉和螺母。公告还要求收件人提供紧固件的供应商和制造商的名称。

发出该通告的起因是 1989 年 6 月 27 日，得克萨斯州沃斯堡的大陪审团起诉 AIRCOM 紧固件公司，指控其向科曼奇峰（Comanche Peak）核电厂、国防部和其他客户提供不合格和假冒紧固件的相关情况。指控内容为 AIRCOM 公司伪造了虚构和欺诈性的文件，包括符合性证书、认证材料测试报告、实验室报告、冶金报告、电镀证书、量具证书、热处理证书、采购订单、供应商报价表、信函、发票、质量保证记录和宣誓书。

二、纠正措施/经验反馈

NRC 在整理收件人提交的信息后确定，向核工业供应的一些紧固件可能被假冒或存在虚假证明，并发布信息通知 IN89-59《潜在虚假紧固件的供应商》，告知收件人可疑/假冒紧固件的供应商和/或制造商的名称。

NRC 希望收件人能够审查从这些供应商处采购的紧固件，以验证这些紧固件是否符合用于安全相关或升级后用于安全相关场合的要求。此外，希望收件人对紧固件制造商和供应商进行监查时，必须包括对供应商提供的认证的审查，以及支持性的试验和可追溯性的记录。同时，要求许可证持有者根据本信息和信息通告 IN88-35《许可证持有者对供应商的审核不足》，对先前供应商审核的充分性及其一般供应商批准流程进行审核。

案例 5：法国勒克鲁索锻造厂造假事件

一、事件描述

2015 年年初，法国核安全局（ASN）发现在建的弗拉芒维尔（Flamanville）核电厂 3 号机组反应堆压力容器上封头和下封头部分位置的碳含量存在异常，这两个封头均由法国阿海珐（Areva）勒克鲁索（Le Creusot）锻造厂制造。随后，ASN 要求阿海珐对勒克鲁索开展质量审查，以确定其组织机构、生产过程、产品质量及安全文件的完整情况。阿海珐审查了由该厂制造的所有部件的所有产品文件，并进行了跨国检验。

二、原因分析

2016 年 5 月，ASN 公示了对勒克鲁索锻造厂进行的质量审查结果。该厂自 1965 年以来生产的约 400 个核电厂部件的文件记录出现"造假"，涉及多国核电厂的重型核心安全设备，包括反应堆压力容器、蒸发器、稳压器等。违规行为包括产品文件中相关制造参数和试验结果存在多处不一致以及修改或遗漏，虽然多数造假只是小偏差，但一些严重造假导致费桑海姆（Fessenheim）核电厂 2 号反应堆关闭。

三、纠正措施

2016 年，为了更好地履行职能，增强对 CFSI 的预防和检测，ASN 成立了专门的工作小组，制定并实施"应对欺诈风险的行动计划"，包括以下几项措施：

（1）加强制造商和被许可方的规定，如要求改善数据安全，强调他们对生产和运营的质量负有主要责任。

2017 年年底，ASN 将被许可方和制造商召集在一起，提醒他们在预防、检测和处理 CSFI 案件方面的义务和责任。

2018 年 5 月 15 日，ASN 向基础核设施运营者、核承压设备制造商和放射性物质容器制造商发送了一封信函，详细解释了适用于 CFSI 的监管要求［主要是 2012 年 2 月 7 日《关于基本核设施一般规则的法令》（INB 法令）中的要求］。在信中，ASN 要求许可证持有者在其管理体系中对 CSFI 的风险给予更大的考虑，制定预防、发现和处理欺诈行为的措施，并参与汇集有关案件的经验教训；要求许可证持有者必须确保安全文化在他们的供应链中得到传播、了解、理解和应用；要求许可证持有者和制造商给出将委托给外部检验机构的监管行动。ASN 要求许可证持有者和制造商反馈实施情况，并将在检查过程中检查其程序的正确性。

（2）利用外部检验机构，支持对生产活动的监督，取样并进行交叉检验。

除要求许可证持有者和制造商给出将委托给外部检验机构的监管行动外，ASN 正在探索如何利用更多的外部检验机构。ASN 还打算聘请两名反欺诈专家，并补充对监督员的培训。此外，ASN 工作小组引入了 1 名法国国家宪兵特勤队的高级军官，以便从他在这一领域的专门知识中获益。

（3）改进 ASN 的监督实践，尤其是检查方法。

ASN 认为，检查是一种降低欺诈风险的手段，它使实施欺诈的人意识到他们的行为会被发现和惩罚。因此，ASN 开展研究使监督政策适应这一问题，并进行了试点检查，以验证适用于核设施中最常见欺诈场景的分析方法。ASN 还发起了一系列检查，旨在核实许可证持有机构如何将防范欺诈风险纳入其采购政策。

与此同时，ASN 还与国家药品安全机构和公平贸易、消费者事务和欺诈控制总局进行了接触，以便交换有关检查工作的信息，发现欺诈行为。其中一些做法，特别是在检测伪造文件方面，很快被 ASN 纳入其检查工具。

（4）要求许可证持有者将发现的任何欺诈行为系统地报告给 ASN。

ASN 还通过许可证持有者或制造商的报告和检查活动发现了一些 CFSI 案例。对于这些案例，ASN 执行的处理工作包括对有关设施和设备问题的技术评估、纠正和预防措施的后续行动以及与其他有关行政当局、许可证持有者和国外同行共享信息。初步审查表明，CFSI 涉及各种领域：基本核设施、医疗核活动或其他批准利用核技术的组织。暴露的问题可能是技术层面的，如使用不合适的材料或未实施有关检查；也可能是组织层面的，如活动（焊接、无损检测等）由没有所需技能的人执行或仅由组织内部进行控制。这些情况可能涉及各个方面：测试结果的修改、操作人员身份的伪造（技术检查、焊接、无损检测等）、某些操作的不合格（如更换部件或特定的技术检查）。

（5）实现从举报者那里搜集信息的系统安排（举报系统）。

2018 年 11 月 21 日，ASN 向公众开放了一个门户，任何人都可以向它举报有关核安全、人员辐射保护和环境保护的任何违规行为。这个门户为举报者提供了向 ASN 反馈问题的渠道，同时对他们的身份进行保密。与此同时，ASN 建立了处理这些举报的内部程序。自启动以来，ASN 已经收到了 22 份举报，包括通过门户网站收到的 7 份举报和使用其他方法收到的举报，其中有些具有潜在欺诈的特征，ASN 将进行更深入的调查。

四、其他说明事项

ASN 还评估后续的刑事或行政进展，以确保它所获悉的潜在欺诈案件已提交法庭。欺诈是一种不端行为，并不一定属于 ASN 的直接管辖范围。ASN 根据法国的《刑事诉讼法》第 40 条将其掌握的事实通知检察官办公室。

案例 6：加拿大纽曼阀门质量造假事件

一、事件描述

2015 年 2 月 26 日，加拿大安大略电力公司接到纽曼阀门供应商的报告，称其提供的阀门组件（连接器、阀瓣、阀帽、阀塞和阀杆）和零部件中的材料不符合所需核材料的规格。2015 年 3 月 3 日，安大略电力公司又收到该阀门零部件供应商的类似信件。

经调查发现，纽曼公司于 2001—2011 年生产的核级阀门某些部件的部分材料测试证书中存在虚假陈述，材料试验报告中所述的材料性能、材料组成和热处理方面存在偏差。数百个这样的阀门或部件已经安装在多个国家（如阿根廷、加拿大、中国、韩国、罗马尼亚）的加拿大重水铀反应堆（CANDU）核电厂以及英国和芬兰的一些核设施中。受影响的系统包括密封隔离、紧急冷却剂注入、液区控制、一次侧热传导、紧急过滤空气排放、慢化剂和停堆冷却系统等。

二、原因分析

调查发现，阀门的第三方材料供应商更改了某些材料测试结果，以通过美国机械工程师协会（ASME）锅炉和压力容器规范的材料要求。材料供应商欺诈性地声称，这种钢作为核材料已经通过 ASME 标准的测试，而实际上它只是作为商品级材料按照英国标准生产的。此外，在某些情况下，材料没有按照要求送到外部机构进行测试；第三方材料供应商使用从互联网上下载的证书自行填写材料测试报告,该证书上的公司标识自 20 世纪 90 年代以来就不再使用。

核电厂进行了详细的工程评估,最终确定阀门设计应力有足够的设计裕度,这些阀门和部件的持续使用不存在安全风险,可以原样使用。加拿大核安全管理委员会(CNSC)接受了核电厂的分析结论和纠正行动。尽管如此,核级阀门的材料造假还是引起了监管部门的足够重视。

三、纠正措施

加拿大应对 CFSI 问题所采取的防控措施包括:

(1)在监管文件中强调有效实施供应链流程和遵守管理体系对防控 CFSI 的作用。

2019 年,CNSC 在其监管文件 REGDOC-2.1《管理体系》第 3.3.1 条"假冒、欺诈和可疑物项"中明确规定:"虽然没有在 CSA N286-12《核设施管理体系要求》(标准)的任何具体章节中提到,但是有效实施供应链流程和遵守管理体系要求可以减少 CFSI 进入核设施和/或活动的供应链。全球供应链往往又长又复杂,CFSI 的来源可能是未知的。根据 CSA N286-12 有效实施管理体系可以降低 CFSI 带来的风险。需要注意的是,受 CFSI 影响的不仅仅是供应链。各个职能部门,如工程、维修和运行人员,也需要认识到 CFSI 问题,并能够处理它们。"

(2)制定标准明确供应商在防控 CFSI 方面的职责。

2016 年,加拿大在标准 N299.4-2016《核电厂物项和服务采购中的质量保证大纲要求》中,明确规定供应商职责包括:"制定和实施检测和预防 CFSI 的程序,以确保提供经过适当测试和验证符合规定要求的真正部件和服务""识别 CFSI,向客户报告这些物项,并按照条款 5.5.15(不符合项)处理这些物项",并要求供应商在分包合同中包含"CFSI 和异物的预防、检测和清除要求"。

(3)完善报告制度,要求报告所有 CFSI 事件。

2014 年,CNSC 在其监管文件 REGDOC-3.1.1《核电厂报告要求》中规定,许可证持有者必须向监管机构报告所有"在许可活动中发现假冒、欺诈或可疑物项"的案件。

（4）加强对 1 级、2 级供应商的监查。

CNSC 在其 REGDOC-3.1.1《核电厂报告要求》中提出核电厂供应链管理要求，要求对 1 级、2 级供应商执行防控 CFSI 监查。

案例 7：加拿大堡盟压力表造假事件

一、事件描述

2014 年 1 月在加拿大某核电厂的到货验收中，堡盟压力表被确定为存疑产品。该压力计上的零件号与采购订单和装箱单不符，并且压力表标识与正品产品堡盟压力表上的标识不一致。许可证持有者进一步检查发现，面板上的打印质量较差，而且表盘面上的胶黏纸较差。相较之下，正品产品应具有丝印表面和干净、清晰的刻度。

二、原因分析

从送往堡盟进行进一步检查的压力表样本中，堡盟得出结论，认为这是欺诈行为。包装标签的绘制效果不佳，防喷安全塞已旧，而且面板与正品相比是反转的：面板的 0～60 psi 丝网印刷面板朝内，而打印有"−100 至+300kPa"的胶黏纸朝外。此次检查总共发现了 18 个具有欺诈性的堡盟量规，所有量规均已使用，随后进行了修复并作为新产品出售。

三、纠正措施

许可证持有者采取了以下措施：

（1）从批准的供应商名单中删除了涉及的几个分销商；

（2）从堡盟获得授权经销商名单；

（3）与堡盟合作，确定采购检查的条件范围和关键领域；

（4）通知监管机构、核采购问题委员会和 CANDU 核采购审核委员会。

案例 8：美国布兰肯铸件试验结果造假事件

一、事件描述

美国能源部（DOE）联合美国国家核安全局对可能从布兰肯（Bradken）公司（位于美国华盛顿州塔科马港市的塔科马铸造厂）采购的用于 DOE 和其承包商所属核电厂的部件进行了评估。

布兰肯公司生产的原材料和部件，部分是安全重要的承压系统的专用铸件和其他定制部件（这些部件的标识包括 "Bradken" "Atlas" 或 "AmeriCast"）。布兰肯公司是经 ASME 认证的为数不多的国内材料公司之一，可向核工业提供铸造原材料和部件 [部件可通过其他经 ASME 核部件认证或 ASME 核质量保证（NQA-1）认证的不同制造商和分销商进行加工、组装和销售]，目前是美国唯一一家获批的 2019 年在劳埃德船级社注册的钢铸件制造商。而 DOE 所属核电厂安全重要承压系统目前部分正在使用这些经 ASME NQA-1 核部件认证或经 ASME NQA-1 认证的相关部件。

DOE 对布兰肯公司的检查中，发现了一些包括破坏性试验在内的造假试验，如夏比 V 形缺口试验或冲击试验。夏比 V 形缺口是针对材料韧性的试验，这个试验对确定材料在特定使用条件（如极端低温、高冲击或极端磨损环境）下是否更容易断裂可能非常重要。由于试验造假，日常的例行检查中可能无法发现机械试验的超差。

后经美国法院认定，布兰肯公司生产的铸件未通过实验室试验，不符合美国海军标准，并且可能为海军潜艇提供不合格的钢质部件长达 30 年。

二、原因分析

直至 2017 年 5 月，布兰肯公司高层管理者才意识到这一违规造假行为。当时，一名实验室员工发现试验卡被篡改，而其他试验记录也存在其他偏差。

三、纠正措施

（1）评估部件是不是 2008—2020 年从布兰肯公司采购。布兰肯公司可能使用之前的名称如"AmeriCast"或"Atlas"。此外，布兰肯公司通过不同分销商进行销售，可能没有直接销售给 DOE 所属核电厂。优先评估安全级（SC）、SSC 以及任何设施中的所有关键部件，其故障可能导致安全功能丧失或对公众和人员健康与安全造成危害。

（2）S/CI 需要额外报告。S/CI 报告要求在 DOE O 414.1D《质量保证》附件 3 "预防可疑/假冒物项"中规定，并通过核电站内部流程和程序实施。

（3）要求 DOE 承包商向政府的"行业数据交换项目"（GIDEP）报告关键和重大不符合项以及 S/CI。

四、其他说明事项

2020 年 6 月 15 日，美国司法部宣布，布兰肯公司塔科马铸造厂的前冶金实验室主管因假造试验结果被刑事指控。2021 年 11 月 8 日，这位前主管对美国司法部重大欺诈案供认不讳。2022 年 2 月 14 日，这位前主管因被指控在为海军生产的 240 多件钢制品的试验结果上造假而欺诈美国，被判处 30 个月监禁并罚款 5 万美元。这些产品约占购买供海军使用的铸件的一半。

2020 年 6 月，布兰肯公司承认违法行为并同意采取补救措施。另外，布兰肯公司还达成了民事和解，支付 10896924 美元以解决该铸造厂生产和销售用于安装在美国海军潜艇的不合格钢质部件的指控。

案例 9：美国核电厂消防演习造假事件

一、事件描述

NRC 于 2012 年 1 月 3 日—12 月 14 日对基沃尼（Kewaunee）核电厂进行调查，发现其存在违反 NRC 要求的行为。根据 NRC 执法政策，针对该违规行为的调查情况如下：

（一）文件依据

（1）该核电厂的许可证条件的条款 2.C.（3）"消防"部分要求持证单位应实施持证单位消防计划中描述的、并在新版安全分析报告中引用的经批准消防大纲中的所有规定，并保持有效。

《消防大纲计划》（第 9 版、第 10 版）第 9.0 节"培训"部分要求核电厂消防队培训大纲加入 BTP（处室技术岗位）APSCB 9.5-1 第 IV.B.6（e）段的导则，从而确保建立并维持扑灭潜在火灾的能力。这些要求通过行政管理程序确定并通过培训程序实施。

培训程序《消防演习》（0 版，SA-KW-FPP-010）第 5.1 节要求每个现役消防队和消防行动队队员每年至少参加两次消防演习，且每个作业班组应每季度完成一次演习（预先通知的演习或突击演习）。这里包括一次突击训练和一次倒班训练。第 6.1 节要求至少有 5 名合格消防队员，包括 1 名合格消防队长对消防演习做出响应。

（2）10 CFR 50.9（a）条"信息的完整性和准确性"部分要求持证单位保存的许可证条件要求的信息在所有重要方面都应完整准确。

10 CFR 50 附录 B 准则十七"质量保证记录"部分要求保存足够的记录以提供影响质量活动的证据。记录包括密切相关的数据如人员资格、程序和设备。

该核电厂的许可证条件条款 2.C.（3）"消防"部分要求持证单位应实施持证单位消防计划中描述的、并在新版安全分析报告中引用的经批准消防大纲中的所有规定，并保持有效。

《消防大纲计划》（第 9 版、第 10 版）第 6.0 节"质量保证"部分规定，核电厂已承诺按照 10 CFR 50 附录 B 的要求，消防方面实施持证单位现有质量保证大纲下的质量保证准则。

《消防大纲计划》（第 9 版、第 10 版）第 9.0 节"培训"部分要求消防队培训大纲中加入 BTP APSCB 9.5-1 第 IV.B.6（e）段的导则，从而确保建立和保持扑灭潜在火灾的能力。参考段落中引用的要求通过行政管理程序定义并通过培训程序实施。

培训程序《消防演习》（0 版，SA-KW-FPP-010）第 5.6 节"完成文件"中规定在每次消防演习完成后填写附件 A"消防演习评价/评估表"并收集存档，将原件运至质量保证记录库。第 7.1 节"质量保证记录"规定附件 A"消防演习评价/评估表"为质量保证记录。

（二）调查结果

（1）NRC 调查组发现，2009 年 8 月 19 日—2011 年 12 月 20 日存在以下方面与上述内容相违背：

一是消防队和消防队员未参加每年至少两次的消防演习，每名消防行动队队员未在每个季度完成一次演习。具体而言，除 2010 年 6 月 29 日预先通知的演习外，2009 年第三季度和第四季度以及 2010 年、2011 年预先通知的消防演习均作为培训课程实施而非实际消防演习。

二是进行消防演习的合格消防队员不足 5 人。具体而言，在 2009 年 9 月 19 日、24 日、25 日及 2010 年 9 月 22 日消防队错误地以培训课程进行了消防演习，且参加演习的合格消防队员不足 5 人。

（2）调查组发现，核电厂从 2009 年 8 月 19 日—2011 年 12 月 20 日起存在以下方面与上述规定相违背：已完成的预先通知消防演习的附件 A"消防演习评价/评估表"作为许可证条款 2.C.（3）和《消防大纲计划》（第 9 版、第 10 版）第 6.0 节"质量保证"所要求的质量保证记录，在所有重要方面不完整且不准确。具体而言，已完成的附件 A"消防演习评价/评估表"错误地陈述了以下参数。

①现场时间、位置；

②工作人员是否对正确位置做出响应；

③是否与主控室建立了沟通；

④保护性装备是否穿戴正确；

⑤自给式呼吸装置是否使用正确；

⑥消防队长是否建立了突击和后备小组以及在入场前向小组人员简要说明情况。

二、原因分析

上述调查结果表明，核电厂所提供的信息不准确，因为人员并没有在实际消防队演习过程中令人满意地完成评估表中描述的活动。此信息对 NRC 至关重要，因为已完成的附件 A "消防演习评价/评估表"表明消防队员有合格资质，而事实上，消防队不符合上述要求。

三、其他说明事项

NRC 已向 Kewaunee 核电厂发出"违规通知"，并拟处民事罚金 7 万美元。

附录二　其他行业造假典型案例

案例 1：日本神户制钢所造假事件

一、事件描述

2017 年 10 月 8 日，日本第三大钢铁企业神户制钢所承认篡改部分产品的技术数据，以次充好交付客户。问题产品波及丰田汽车、三菱重工等约 200 家日本企业，且部分日本新干线车辆也有使用该问题产品。

据神户制钢所报告，2017 年 8 月底公司内部调查发现，旗下 3 家工厂和 1 家子公司长期篡改部分铝、铜制品出厂数据，冒充达标产品出售。在截至 2017 年 8 月底的一年里，约有 2.15 万吨铝和铜制品流入大批企业。这些问题产品约占该公司年产量的 4%。

涉事工厂在产品出厂前就已发现某些方面不达标，却在产品检查证明书中修改强度和尺寸等数据。不过，神户制钢所称，虽然这些产品未能达到客户的要求，却满足日本工业标准调查会制定的行业标准。神户制钢所已成立调查委员会，并委托第三方对此展开进一步调查。

2017 年 10 月 24 日，日本国土交通大臣证实，国土交通省正在调查涉嫌篡改产品数据的神户制钢所旗下的 1 家制铝厂。

二、原因分析

（一）控制环境

控制环境决定了企业的基调，直接影响企业员工的控制意识。控制环境提供了内部控制的基本规则和构架，是其他要素的基础。

1. 企业的诚信道德意识减弱

神户制钢所的部分员工诚信缺失，道德沦丧，只顾自己利益，忽略了诚信的重要性。

2. 企业管理文化

神户制钢所没有做好企业文化建设工作，没有培育好员工的价值观和社会责任感。

3. 人事政策

神户制钢所聘用员工考核不严，标准不适当，很多员工无证上岗。

4. 经营目标

神户制钢所的经营目标重在盈利、降低成本，而忽视了长远的利益。

（二）风险评估

神户制钢所在评估公司风险时未考虑潜在的舞弊行为，对存在的舞弊行为也视而不见，忽视了可能会对内部控制系统产生重大影响的变更。

（三）过程控制

过程控制指那些有助于管理层决策顺利实施的政策和程序。控制行为有助于确保实施必要的措施以管理风险，实现经营目标。控制行为体现在整个企业的不同层次和不同部门中。它们包括诸如批准、授权、查证、核对、复核经营业绩、资产保护和职责分工等活动。

神户制钢所的管理者未对日常过程控制中发现的一些不良信息进行收集、整理，并对异常现象分析论证，以进一步提高过程控制的效率效果。

（四）信息与沟通

1. 企业的精神、职业道德未传递到每一位员工并贯彻执行

神户制钢所一些员工放弃了日企的"工匠精神"，为了实现利润目标，忽视了质量

保障措施，专注于成本削减和完成目标上。

2．各层级沟通不充分

神户制钢所的管理层未定期或不定期召开各种会议，及时与相关职能部门的领导、下属单位负责人就生产、运营等情况进行沟通、交流。

（五）监管

需要监管内部管理体系，即对该体系有效性进行全过程评估。可以通过持续性的监督、独立评估或两者的结合来实现对管理体系的监管。

1．日常监管

神户制钢所对日常的内部控制情况未进行细致且持续性地监督检查，对在监督过程中发现的内部控制缺陷，未进行分析、提出整改方案并及时向上层报告，而是进行掩藏、篡改数据，企图蒙混过关。

2．外部监管

神户制钢所的质量保证职能部门参与违规，未尽职履行自身的监督功能。

三、纠正措施

（1）坚定公司的"工匠精神"目标，将质量放在成本之上，树立正确的价值观。

（2）明确各职能部门的分工职责，贯彻执行各自的职责，形成相互制衡的治理机制。

（3）将公司的理念传递到每一位员工，形成自上而下、自下而上、横向的信息传递，改善信息系统，建立一个通畅的企业内部信息网络，使管理层能够迅速、有效地管理企业。

（4）对监督制度贯彻执行，加强内部监督力度，完善企业内部监查/审计制度，增加人员编制并不定期轮岗，可以实施有奖举报制度，发挥内部监查/审计实质监督作用。

四、经验反馈

作为企业管理的有机组成部分，质量管理体系不应是空中楼阁，它应该深植于企业的日常经营管理中。如何从此次事件中吸取教训，更好地结合质量管理体系的贯彻实施来提高企业的风险应对能力和战略目标，是值得深入思考的问题。

应加强质量控制，质量是企业的生命，也是立足之本。本次神户制钢所产品检验数据大面积造假，并不是该公司技术力量弱，其危机根源在于质量控制出现问题，且用造假行为掩饰。应坚持不懈打击伪劣产品，并采取切实措施促进企业树立质量意识。

五、其他说明的事项

在经过几天的发酵之后，神户制钢所造假行为进一步恶化。除先前披露的三菱重工业公司、东海铁道公司、丰田汽车、马自达、斯巴鲁外，美国波音以及汽车生产商特斯拉、戴姆勒、劳斯莱斯、通用、起亚和标致雪铁龙等 30 多家知名大企业也进入受影响名单。

为了应对神户制钢所篡改数据危机，神户制钢社长川崎本人出现在公众面前鞠躬道歉（图2）。他来到日本经济产业省，向政府报告了内部调查的初步结果，并为篡改数据问题向客户和消费者道歉。而神户制钢所官方则表示，对篡改数据深表歉意，正在反省。但这是迫于按期交货压力，实在有难言苦衷。

图2　神户制钢社长川崎本人出现在公众面前鞠躬道歉

　　NRC 在得知神户制钢所造假事件后，其工作人员收集了由神户制钢所制造或提供的、用于美国核反应堆所用部件材料的相关数据，并开展了相关检查。2018 年 9 月 4 日，NRC 发布信息通告 IN2018-11《神户制钢和其他国际供应商的质量保证记录造假》，向所有获得 NRC 许可/批准的持有者通报了相关事件及检查结果。值得庆幸的是，神户制钢所的造假并没有影响到美国核电厂，虽然有部分核电厂的部分设备或部件的材料是由神户制钢所提供的，但通过核查和审查，确认没有受到伪造记录的影响。在通告的最后，NRC 提及："然而，由于神户制钢所是一个典型的第三方供应商，并且由于其一些员工的不当行为可以追溯到 20 世纪 70 年代，因此 NRC 建议收信人（许可或批准的持有者们）审查本通告所包含的信息，以确定其对核安全相关活动的潜在影响。此外，重要的是收信人要对类似的安全文化问题保持警惕，特别是当他们涉及第三方供应商时。"

案例 2：西安地铁"问题电缆"造假事件

一、事件描述

　　2017 年 3 月 13 日，有网友发帖质疑西安地铁 3 号线电缆相关问题。舆情发生后，西安市委、市政府主要领导第一时间批示"群众生命安全最重要"，要严格核查，严肃查处。

　　2017 年 3 月 16 日晚，西安市政府就有关舆情做出回应称，送检随机取样的 5 份样品。

　　2017 年 3 月 20 日 21 时 30 分，西安市政府新闻办即刻召开第二次新闻发布会，公布抽检结果：5 份电缆样品，均为不合格产品。

　　西安地铁"问题电缆"事件曝光后，习近平总书记、李克强总理作出重要批示，要求加强全面质量监管，彻查此事，严肃处理。国务院责成质检总局会同有关部门和单位组成西安地铁"问题电缆"部门联合调查组，赴陕西省开展了深入调查，并组织对"问题电缆"进行排查更换。

通过调查核实，2014 年 8 月至 2016 年年底，陕西省西安市地铁 3 号线工程采购使用陕西奥凯电缆有限公司（以下简称奥凯公司）生产的不合格线缆，用于照明、空调等电路，埋下安全隐患，造成恶劣影响。这是一起严重的企业制售伪劣产品违法案件，是有关单位和人员与奥凯公司内外勾结，在地铁工程建设中采购和使用伪劣产品的违法案件，也是相关地方政府及其职能部门疏于监管、履职不力，部分党员领导干部违反廉洁纪律、失职渎职的违法违纪案件。

二、处理情况

（一）主要问题

一是生产环节恶意制假售假。奥凯公司为牟取非法利益，低价中标后偷工减料、以次充好；通过内部操作来控制产品质量等次；以弄虚作假、私刻检验机构印章、伪造检验报告等手段蒙混过关。

二是采购环节内外串通。在工程线缆采购招投标中，奥凯公司通过送礼行贿，违规"打招呼"，为"问题电缆"中标提供方便。线缆采购没有明确的采购组织模式和关键设备材料采购目录，单纯以价格为主要决定因素，不法供应商铤而走险，牺牲产品质量，恶意低价竞标。

三是使用环节把关形同虚设。建设单位、施工单位及工程监理单位未认真履行责任，在线缆进场验收等方面没有严格执行有关管理规定，缺乏及时清出不合格材料的有效机制。违规默许奥凯公司自行抽取样品、送检样品、领取检验报告，导致多个检验把关环节"失灵"。

四是行政监管履职不力。相关单位未严格执行相关规定，行政执法不规范，监管履职不到位。发现问题后，信息公布不及时，部门之间工作不衔接，未能采取有效措施及时处理。

（二）原因分析

（1）质量安全意识不强。相关单位在地铁工程建设中片面追求低成本，对工程质量安全问题认识不足，为材料供应商不顾质量降低成本以最低价中标留下空间；开展质量监督检查工作较少。

（2）落实"放管服"改革要求不到位。对工程中使用关键材料审核把关不严；日常监管缺失；对奥凯公司严重违法行为未发现、未制止；质量检查执法程序不规范。

（3）协同监管执法机制不健全。相关监管职能部门未建立执法信息互联共享、质量守信联合激励和失信联合惩戒机制，部门之间信息不畅，工作不衔接，该管的没有管，或没有管住、管好；以"层层批转"替代现场监督检查。

（4）工程建设管理不完善。当地招投标和设备材料采购等方面的制度、政策设计不够严密，致使一些采购单位重视价格、忽视质量。加上招投标和设备材料采购监管机制不完善，对招投标违法违规行为惩治不严厉，致使一些个人和企业得以钻制度漏洞，不顾质量降低成本以最低价中标，再通过供应低于合同标准的"瘦身"产品牟利。

（5）党风廉政建设和反腐败工作抓得不实不细。个别干部违规插手干预工程招投标、物资材料采购，违反廉洁纪律，为企业非法牟利提供方便。

（三）责任追究情况

（1）严肃追究相关政府和监管部门责任。陕西省人民政府、西安市人民政府等单位部门被责令要求作出深刻书面检查。

（2）严肃追究相关人员领导责任和监管责任。陕西省按照干部管理权限，对有关政府部门及下属单位问责追责共计122人；对其中17人涉嫌违法犯罪问题移送检察机关立案侦查。

（3）严肃追究建设单位、施工单位和工程监理单位及人员责任。对建设单位及相关责任人处以罚款。对施工单位、监理单位分别处以罚款，并依法追究其赔偿责任；对相关责任人分别处以罚款、吊销执业资格证书、停止执业等处罚；对相关中央企业驻陕单位的19人立案侦查。

（4）严肃追究奥凯公司及涉案人员责任。对奥凯公司法定代表人王志伟等8名犯罪嫌疑人执行逮捕，依法移送司法机关；撤销奥凯公司全部强制性产品认证证书和质量管理体系认证证书，撤销奥凯公司陕西省著名商标认定；依法吊销其营业执照和生产许可证。

三、经验反馈

西安地铁"问题电缆"造成了安全隐患和重大经济损失，严重损害了政府的形象和公信力，性质十分恶劣，教训十分深刻。

国务院要求各地区、各部门要引以为戒、举一反三，以对人民高度负责的态度，深入推进"放管服"改革，进一步加强全面质量监管。

（1）必须树立质量第一的强烈意识，下最大气力抓全面提高质量。强化企业主体责任和政府监管责任，注重发挥企业主体作用、政府部门监管作用、社会组织和消费者监督作用，切实加强质量共治。加强对质量工作的领导，广泛开展质量提升行动，加强全面质量监管，严把各环节、各层次关口，进一步强化全过程全链条全方位监管，切实保障质量安全。推动企业加强全面质量管理，建立健全质量管理体系，提高制度执行力和质量控制力，确保涉及生命财产安全的重要产品、重要工程的质量安全。着力提高质量和核心竞争力，把质量打造成为新的竞争优势，全面提高产品质量、服务质量、工程质量和环境质量总体水平。要全面深入排查"问题电缆"涉及的工程项目，尽快全部拆除更换"问题电缆"，同时在全国开展线缆产品专项整治，排查和消除各类安全隐患。

（2）必须加强事中事后监管，全面落实好"放管服"改革各项工作要求。深入推进"放管服"改革，加快转变政府职能，创新监管方式，政府部门要管好该管的，放开不该管的。要明规矩于前，明确市场主体行为边界特别是不能触碰的红线；寓严管于中，把主要精力转到加强事中事后监管上，充实一线监管力量，及时发现问题和处理问题；施重惩于后，严厉惩处侵害群众切身利益的违法违规行为。进一步简政放权，加快建立权力清单、责任清单和负面清单制度，以刚性的制度来管权限权。全面推行"双随机、一公开"监管，强化部门联合监管，推动部门间、地区间涉企信息交换和共享，及时公开企业不良信息，提升监管效率和水平。加强信用监管、智能监管、审慎监管和全过程监管，完善科学监管机制，加快实施"互联网+政务服务"，寓监管于服务，急企业和群众所急，主动解决企业和群众困难，为实体经济发展创造良好的营商环境。

（3）必须完善机制，加快构建健康有序的市场环境。完善招投标和设备材料采购制度，抓紧修订相关法律法规和配套文件，营造"优质优价"的市场氛围。建立价格预警干预机制，加快改变以价格为决定因素的招标和采购管理模式，实施技术、质量、服务、品牌和价格等多种因素的综合评估，推动"拼价格"向"拼质量"转变。深入整顿市场秩序，加强打击侵犯知识产权和制售假冒伪劣商品工作，严厉打击各类扰乱市场秩序和不正当竞争行为，加大对有关建设工程质量的监督检查力度，建设优质工程。特别是要"严"字当头，大幅提高涉及群众生命安全的质量违法成本，坚决把严重违法违规企业依法逐出市场，让违法者付出高昂代价。

（4）必须压实责任，进一步加强党风廉政建设和反腐败工作。认真贯彻党中央关于全面从严治党的要求，落实国务院第五次廉政工作会议部署，教育引导广大公职人员持廉守正，干干净净为人民做事。切实履行"一岗双责"，强化激励和问责机制，严肃处理不作为、乱作为问题，推动政风作风转变，坚决纠正和严肃查处执法不公等问题。保持高压态势，聚焦重点领域，坚决惩治腐败问题，对侵害群众利益的违法违纪行为坚持"零容忍"，做到发现一起、查处一起。

案例 3：港珠澳大桥混凝土检测报告造假事件

一、事件描述

嘉科工程顾问有限公司 2012 年通过招标方式选为港珠澳大桥建设项目混凝土质量检测单位。而后，在大屿山北部的小蚝湾成立专门为港珠澳大桥项目进行混凝土检测的试验所。

2016 年 7 月，香港土木工程拓展署的工作人员在对嘉科工程顾问有限公司出具的混凝土报告进行检查时发现其中可疑之处：

（1）一块混凝土试块有两张数据记录单；

（2）两张记录单检测的间隔时间比理论上偏短，有未按照规定检测、根本没有检测的可能；

（3）混凝土超期检测，两个不同批次的混凝土，存在交叉检测的可能性，检测单位甚至为了提高合格率，采用其他的材料，替代港珠澳大桥项目所用混凝土；

（4）在混凝土检测过程中进行了其他检测，导致同一批次的混凝土、不同的混凝土试块对应出具的报告单号有断号的情况（正常检测工作中，报告单号的号码应该相连）。

2017 年 5 月，香港廉政公署收到一份匿名举报信，信中反映负责港珠澳大桥香港段混凝土质量检测的嘉科工程顾问有限公司两名高管，存在为套取检测费而隐瞒下属实验所检测造假事实的情况。

在此之前，香港廉政公署就已经接到过香港土木工程拓展署发来的嘉科工程顾问有限公司混凝土检测报告，香港土木工程拓展署指出该检测报告存在造假嫌疑。香港廉政公署根据前期掌握情况及举报线索，对此事件开展了调查，发现：

（1）部分测试未能按合约要求在特定时段内完成，涉案技术员及服务员涉嫌调整测试器材所显示的时间，以掩饰其违规情况。

（2）部分实验室人员涉嫌以金属校准柱及/或强力混凝土砖代替混凝土样本，以伪造测试结果，使测试看似正常进行。

（3）涉案的两名高级技术员负责核实有关虚假测试报告，存在涉嫌贪污，并纵容把虚假测试报告呈给香港土木工程拓展署的行为。

2017 年 5 月 23 日，香港廉政公署发布新闻稿，证实在港珠澳大桥建设中，香港土木工程拓展署的一家承判商涉嫌贪污，并向土木工程拓展署提供虚假混凝土压力测试报告。香港廉政公署对 21 名涉案人员进行拘捕调查。

二、处理情况

（一）原因分析

试验所在成立的第二年就已经开始出现内部人手不足、检测工作量加大等问题，导致检测工作频频出现失误，而该公司的领导层在知晓问题的根源时，并没有从根本上解决问题，而是选择通过造假的方式掩盖错误。首先，在压力检测环节出现操作失误，进而导致样本的合格率过低。其次，检测样品必须在水中经过 28 天的养护，才可以进行检测。但该机构的内部管理混乱，导致大部分样品都超过了 28 天的养护时间，才进行检测。该公司领导层授意检测工作人员，通过采用金属柱等硬物代替样本检测、调整电脑检测日期等方式进行造假。

（二）纠正措施

针对这一造假事件，香港有关部门采取了 3 个方面行动：

（1）香港廉政公署继续调查，追究责任；

（2）香港土木工程拓展署检视小蚝湾和其他区域试验所的混凝土测试结果；

（3）香港路政署对受影响工程的混凝土进行测试，以确保结构安全。

香港路政署对港珠澳大桥香港段已施工完毕部分进行检测，包括完成"目测检查"，以及就包括桥身、桥墩、楼房、隧道等结构关键位置，进行非破坏性混凝土结构强度测试，以评估其抗压强度是否达到要求。

目测检查由具有专业资格的驻工地工程师，或具有经验的驻工地工程督察，有系统地观测，查看结构表面有无异常迹象，从而掌握混凝土结构的基本情况。经过目测检查，工程师未发现有异常迹象。

非破坏性混凝土结构强度测试方面，针对约 3000 个关键结构位置，共检测混凝土试件 30.37 万块，其中有 346 块存在质量异常，异常数量占检测总量的 0.11%。经专家评估，因异常混凝土砖占比极低，所以对整体大桥质量影响可以忽略不计。

（三）追责情况

2017 年 5 月，香港廉政公署对 21 名涉案人员进行拘捕调查，其中 19 人被起诉：

1人被控1项制造虚假文件罪名，被判8个月；18人涉及1项串谋诈骗罪名。

2019年，18人串谋诈骗罪成立，被判处3至32个月的刑罚不等。

三、经验反馈

受此事件影响，港珠澳大桥凭空增加了5800万港元的二次检测费用，建设进度也因此受到一定程度影响，由此带来的潜在损失无法估量。此外，嘉科工程顾问有限公司作为香港业内较有影响力的一家专业质量检测公司，其所作所为使公众对专业质量检验检测机构的权威性、真实性产生了质疑。

产品、服务、工程和环境质量安全是社会发展、经济发展、人民生活的生命线，而检验检测工作，是确保质量安全的基本手段。因此，检验检测机构及其人员从事检验检测活动，必须遵守国家相关法律法规的规定，遵循客观独立、公平公正、诚实信用原则，恪守职业道德，承担社会责任，确保检验检测数据、结果的真实、客观、准确。市场监管部门与相关职能部门建立起贯通协同的工作机制，采取"双随机"的方式强化对检验检测行业的监督管理，对弄虚作假行为"零容忍"，发现一起，严查一起，切实形成震慑作用，规范检验检测服务市场秩序。

案例4：建筑工程质量检测报告造假事件

一、事件描述

2022年3月，国家市场监督管理总局发布一批检验检测市场监管执法典型案例，其中涉及两例建筑工程质量检测报告造假事件：

1. 浙江省平湖市某建设工程检测有限责任公司出具虚假检验检测报告案

2021年4月，浙江省平湖市市场监督管理局执法人员会同实验室审核专家依法对平湖市某建设工程检测有限责任公司进行检查，通过对两批抗渗试验检测设备的检查及检测人员毛某的询问发现，该检测公司于 2021 年 4 月 11 日，对某能源有限公司送来的两批混凝土试块进行混凝土抗渗试验，该公司检验人员毛某未经检测，而编造数据直接出具了上述两批混凝土试块的检测报告［报告编号 BGM202100064（检测日期 2021 年 4 月 11—13 日）、报告编号 BGM202100065（检测日期 2021 年 4 月 11—13 日）］，该公司的检测科科长刘某负责上述两批混凝土抗渗试验的数据审核工作，刘某在毛某检测上述两批次混凝土试块时未实地查验就通过了数据审核。

2. 重庆市中科建筑工程质量检测有限公司出具虚假检验检测报告案

2021 年 9 月 15 日，重庆市市场监督管理局检查组对重庆市中科建筑工程质量检测有限公司进行监督检查，发现该公司在"混凝土抗水渗透性能检测""热轧带肋钢筋检测"等项目的检验中出具了不实检测报告。在"砂浆抗压强度检测"试验中减少标准规定的应当检验的步骤，并出具了虚假检测报告。

经查，该机构在 9 月 11 日、12 日进行的"砂浆抗压强度检测"检验过程中，未按照标准要求，对检测试件进行抗压强度试验前的尺寸测量的情况下，直接填写了试件尺寸数据，并据此作出检验结论，两日出具《砂浆抗压强度检测报告》共计 23 份。此外，该公司在 2021 年 9 月 11 日、12 日进行的"热轧带肋钢筋检测"过程中，未按照国家标准要求将钢筋试件弯曲到 180°，却在原始记录上记录弯曲角度为 180°，出具了《热轧带肋调直钢筋检测报告》19 份。

二、处理情况

（一）问题分析

由于检验检测数据的重要性，检验检测数据对产品的市场销售情况影响很大。因此，也就不可避免地会触动一些企业和经营者的利益神经，采用非正当手段调整数据、弄虚作假、勾结作案等。从目前的情况来看，可能主要存在以下几个方面的问题。

一是勾结检验检测机构造假。检验检测机构与企业勾结，提供虚假的检验检测报告。或是检验检测机构工作人员与企业勾结，或是检验检测机构为了多争取业务而与企业勾结，或检验检测机构业务量大、为了多检而造假检验检测报告。

二是企业弄虚作假。企业目的是想多推销产品，但检验检测报告提供的数据又明显说明其质量不如别的企业，或成分等不符合要求，因此企业通过购买虚假检验检测报告的方式，欺骗经营者和消费者，从而达到获利的目的。

三是经营者与假冒伪劣产品生产者勾结。有些经营者为了牟取暴利，与生产假冒伪劣产品的企业或个人勾结，并委托中介公司、造假公司等，编造虚假的检验检测报告，欺骗消费者。

（二）追责情况

1. 对平湖市某建设工程检测有限责任公司予以处罚

浙江省平湖市市场监督管理局依据《浙江省检验机构管理条例》原第五十条第三项规定，责令该公司限期改正，并处罚款 3 万元；同时，依据《浙江省检验机构管理条例》原第五十条第三项规定，对毛某处罚款 2 万元；依据《浙江省检验机构管理条例》原第五十条第二项规定，对刘某处罚款 2 万元。

2. 对重庆市中科建筑工程质量检测有限公司予以处罚

2022 年 2 月 18 日，重庆市九龙坡区市场监督管理局认定重庆市中科建筑工程质量检测有限公司上述行为违反《检验检测机构监督管理办法》第十三条第二款第（三）项的规定，构成出具不实检验检测报告的违法行为。依据《检验检测机构监督管理办法》第二十六条等规定，没收该公司违法所得共计 0.1981 万元，对出具不实和虚假检验检测报告的行为分别处罚款 3 万元。同时，将相关违法线索依法移送重庆市住房和城乡建设委员会，重庆市住房和城乡建设委员会依据《建设工程质量检测管理办法》等规定对该公司进行调查并依法进行处理、处罚。

三、经验反馈

为解决现阶段检验检测市场存在的主要问题，着眼于促进检验检测行业健康、有序发展，严厉打击不实和虚假检验检测行为，国家市场监督管理总局发布《检验检测机构监督管理办法》，并自 2021 年 6 月 1 日起施行。该办法第五条规定了检验检测机构及其人员应当对其出具的检验检测报告负责，并明确除依法承担行政法律责任外，还须依法承担民事、刑事法律责任。

此外，市场监督管理部门将不实和虚假检验检测违法行为的行政处罚信息纳入国家企业信用信息公示系统等信用平台，列入严重违法失信企业名单，归集到检验检测机构名下，推动实施失信联合惩戒。

案例 5：废旧绝缘子翻新造假事件

一、事件描述

2023 年 3 月，在"3·15"晚会上中央广播电视总台曝光了河北省河间市河北庆荣电力器材有限公司、沧州明发电力电器有限公司、河北晨源电力器材有限公司、河间市军红电力器材有限公司（以下简称涉事企业）翻新绝缘子违规流向多地电力工程情况。

根据报道，废旧绝缘子翻新造假主要有以下问题：

（1）用于翻新的都是各地电网用过的旧绝缘子，有明显被腐蚀的痕迹，有的甚至锈迹斑斑；

（2）除当地个人翻新、销售旧的绝缘子外，相关专门生产绝缘子的厂家，也存在翻新、销售旧绝缘子的情况；

（3）翻新工序仅限于简单地清洗盘体表面、喷漆；

（4）涉事企业伪造合格证、检测报告；

（5）翻新绝缘子已通过各种方式流向电力工程。

二、处理情况

2023 年 3 月 15 日，河北省市场监督管理局当晚派出局领导带队的专项工作组，赶赴现场督促指导沧州市、河间市调查处置。同时，连夜组织全省各地对类似产品生产企业开展全面排查整治，切实保障人民群众生命财产安全。

2023 年 3 月 17 日，国家能源局综合司下发《关于排查整治翻新绝缘子加强电力设备安全管理的紧急通知》，要求立即排查整治涉事企业翻新绝缘子使用情况。

（1）各电力企业立即对近年来本单位绝缘子采购使用情况进行全面排查，发现存在采购使用涉事企业绝缘子的立即进行更换。

（2）对来自同区域、同类型企业的绝缘子要进行安全检测，确保质量安全合格后方可继续使用。

（3）要将涉事企业纳入本单位设备采购"黑名单"，停止采购使用不合格产品。

（4）要加强废旧绝缘子的处置管理，严格实行新材料、新设备入网检测。立即排查整治涉事企业翻新绝缘子的使用情况。

（5）河北省能源局要配合有关部门，立即取缔销毁涉事企业假冒伪劣产品，排查摸清违规翻新绝缘子具体流向，提醒督促采购使用违规翻新绝缘子的用户及时更换，大力整治区域内电力设备生产秩序，确保产品质量安全，坚决杜绝不合格产品流入市场。

三、经验反馈

电力设备质量是影响电力设备安全的重要因素，违规使用翻新绝缘子将造成严重安全隐患，威胁电力安全。为加强电力设备安全管理，切实保障电力安全生产，国家能源局进一步要求：

深入开展电力设备安全隐患排查治理。各电力企业要举一反三，组织开展电力设备安全隐患排查治理，全面排查电线电缆、绝缘子、变压器、开关柜、隔离开关、断路器等质量安全问题多发产品，发现存在伪造产品合格证、质量不过关、存在安全隐患等问题产品要立即停止使用并及时更换，发现存在类似翻新绝缘子的重要问题线索及时上报有关市场监管和电力主管部门。要建立健全设备安全隐患排查治理机制，定期开展隐患排查治理工作，及时发现和治理设备安全隐患。

切实加强电力设备安全管理。各电力企业要落实设备安全管理主体责任，完善设备选型、招标、采购等工作制度，建立设备供应商信用评价机制，落实设备质量安全标准，严把设备准入关，严防劣质设备中标，坚决排斥质量和信用不良设备厂商。要加强电力设备技术监督、可靠性管理等支撑体系建设，强化设备技术监督指标和可靠性数据管理分析，加强设备运行趋势分析和状态评估，指导设备选型采购、日常维护、缺陷管理及更新改造等工作，不断提高设备质量安全水平。

加强电力设备安全监督。各级电力主管部门要落实《市场监管总局　国务院国资委　国家能源局关于全面加强电力设备产品质量安全治理工作的指导意见》（国市监质监发〔2022〕42 号）等有关要求，加强与市场监管机构等部门信息共享和监管协同，积极配合有关部门加强对本地区电力企业、电力设备生产企业主体责任落实情况监督检查，提升电力设备质量。电力监管机构和电力主管部门要加强电力设备隐患管理的监督检查，对重大设备隐患实行挂牌督办，对有严重故障的设备型号、制造单位和设备隐患等情况进行披露和通报。

参考文献

[1]   INTERNATIONAL ATOMIC ENERGY AGENCY. Managing Counterfeit and Fraudulent Items in the Nuclear Industry[R]. Vienna: IAEA, 2019.

[2]   INTERNATIONAL ATOMIC ENERGY AGENCY. Managing Suspect and Counterfeit Items in the Nuclear Industry[R]. Vienna: IAEA, 2000.

[3]   NUCLEAR REGULATORY COMMISSION. Suppliers of Potentially Misrepresented Fasteners[R]. Washington, D.C.: NRC, 1989.

[4]   NUCLEAR REGULATORY COMMISSION. Possible Indications of Misrepresented Vendor Products[R]. Washington, D.C.: NRC, 1989.

[5]   NUCLEAR REGULATORY COMMISSION. Counterfeit Parts Supplied to Nuclear Power Plants[R]. Washington, D.C.: NRC, 2008.

[6]   NUCLEAR REGULATORY COMMISSION. An Agencywide Approach to Counterfeit，Fraudulent，and Suspect Items[R]. Washington, D.C.: NRC, 2011.

[7]   NUCLEAR REGULATORY COMMISSION. Staff Activities Related to Counterfeit，Fraudulent，and Suspect Items[R]. Washington, D.C.: NRC, 2015.

[8]   NUCLEAR REGULATORY COMMISSION. Counterfeit Valves in Commercial Grade Supply System[R]. Washington,D.C.: NRC, 1992.

[9]   NUCLEAR REGULATORY COMMISSION. Potentially Substandard Slip-On，Welding Neck，and Blind Flanges[R]. Washington, D.C.: NRC, 1992.

[10] NUCLEAR REGULATORY COMMISSION. Use of Inappropriate Lubrication Oils in Safety-Related Applications[R]. Washington, D.C.: NRC, 1993.

[11] NUCLEAR REGULATORY COMMISSION. Criminal Prosecution of Nuclear Suppliers for Wrongdoing[R]. Washington, D.C.: NRC, 1993.

[12] NUCLEAR REGULATORY COMMISSION. Potentially Non-Conforming Fasteners Supplied by A&G Engineering II，Inc[R]. Washington, D.C.: NRC, 1995.

[13] NUCLEAR REGULATORY COMMISSION. Fire Protection Equipment Recalls and Counterfeit Notices[R]. Washington, D.C.: NRC, 2007.

[14] NUCLEAR REGULATORY COMMISSION. Issues Potentially Affecting Nuclear Facility Fire Safety[R]. Washington, D.C.: NRC, 2013.

[15] NUCLEAR REGULATORY COMMISSION. An Agencywide Approach to Counterfeit, Fraudulent, and Suspect Items[R]. Washington, D.C.: NRC, 2011.

[16] NUCLEAR REGULATORY COMMISSION. Staff Activities Related to Counterfeit, Fraudulent, and Suspect Items[R]. Washington, D.C.: NRC, 2015.

[17] NUCLEAR REGULATORY COMMISSION. Audit of the Nuclear Regulatory Commission's Oversight of Counterfeit, Fraudulent, and Suspect Items at Nuclear Power Reactors[R]. Washington, D.C.: NRC, 2022.

[18] NUCLEAR REGULATORY COMMISSION. Special Inquiry into Counterfeit, Fraudulent，and Suspect Items in Operating Nuclear Power Plants[R]. Washington, D.C.: NRC, 2022.

[19] UNITED STATES DEPARTMENT OF ENERGY. Suspect/Counterfeit Items Awareness Training[R]. Washington, D.C.: US DOE, 2007.

[20] ELECTRIC POWER RESEARCH INSTITUTE. Success Story: Utilities Strengthen Protections against Counterfeit and Fraudulent Components[R]. Palo Alto, CA: EPRI, 2013.

[21] OECD NUCLEAR ENERGY AGENCY. Operating Experience Report: Counterfeit, Suspect and Fraudulent Items[R]. Paris: OECD/NEA, 2011.

[22] OECD NUCLEAR ENERGY AGENCY. Regulatory Oversight of Non-conforming, Counterfeit, Fraudulent and Suspect Items (NCFSI) [R]. Paris: OECD/NEA, 2012.

[23] KOREA HYDRO AND NUCLEAR POWER COMPANY. Managing the Supply Chain: Challenges and Overcoming in Korean Nuclear Industry[R]. Vienna: KHNP, 2014.

[24] 国家核安全局. 核电厂质量保证大纲的格式和内容（试行）[S]. 2020.